U0030338

行銷力

最新 マーケティング図鑑

世界&日本の販売戦略がイラストでわかる

知名哈佛商學院講師
Carl Atsushi Hirano
平野敦士卡爾 ——監修

賴惠鈴 ——譯

一看就懂的行銷入門超圖解！

數位新時代下通用的經典法則，

到社群經營全蒐錄的超圖解指南

超實用圖鑑

透過生活化插圖圖解，
行銷理論變得易懂
並能快速吸收，

是現今人人都該擁有的
行銷入門指南！

在東西賣不出去的時代裡，不可或缺的「賣到翻過去」技巧

各位聽到「行銷」這個字眼時，腦海中會浮現出什麼？或許有的人會回答「為了把商品賣出去的營業活動」。真可惜，這不是正確答案。

因為相對於營業活動是直接把商品賣給顧客，行銷是擬定如何讓商品在市場上暢銷的策略，並據此擬定銷售流程。

換言之，行銷是吸引消費者對自家公司的商品、服務產生興趣的過程，必須對市場進行調查、分析，還得理解顧客對什麼感興趣。

因此行銷的定義包括商品開發、物流、銷售、廣告、宣傳等等，涵蓋了商業上的各層面。

事實上，美國市場行銷協會（AMA）將行銷定義為「創造、表達、輸送、交換對顧客或委託人、社會有價值的事物之活動／制度／流程」。

日本行銷協會（JMA）也將行銷定義為「企業及其他組織站在全球化的角度，與顧客相互理解的前提下，透過公平的競爭，從而創造市場的綜合型活動」。

根據以上的定義，想必可以理解行銷與整個企業活動牽連甚廣，扮演著非常重要的角色。

因應消費者的需求及市場的多元化，現代素有「東西賣不出去的時代」之稱。也因此，行銷在現代的重要性與日俱增。

因為即使製造出再完美的產品或服務，只要不符合社會的需求（人們「想要它！」的心情）就賣不出去，就無法讓公司獲利。

正因為如此，為了在這種時代賣出商品，必須徹底地做好行銷。

另外，隨著網際網路及智慧性手機等科技的發達，行

銷的世界發生了重大變革。

亦即出現了所謂的「數位行銷」。

一般而言，數位行銷的定義是指由智慧型手機或平板電腦等數位平台在網路上進行的行銷活動。

尤其隨著智慧型手機的普及，多數人在網路上接觸到資訊的次數及時間大幅增加（據說現在每人一天使用智慧型手機的平均時間約3小時）。

受到時代變化的影響，數位行銷目前正受到矚目，每年都有愈來愈多的企業將其視為重要的行銷手法。

過去，傳統的網路行銷只是把訊息上傳到自家公司的官方網站上，數位行銷除了網路行銷以外，還包括有助於讓訊息口耳相傳的Twitter^(註)、Facebook、LINE等社群網站，以及Google等搜尋引擎、考慮到設置場所的地域性而對目標觀眾或聽眾進行設定的電子看板（Digital Signage）、可以數位方式統一管理並利用顧客資訊的集點卡、從哪裡連上網路的位置情報等等在內。

我長年在早稻田大學商學院（MBA）指導最先進的科技行銷。根據我的經驗，一般人之所以對行銷有聽沒有懂，主要的原因可能是因為SEO或SWOT分析、SPA模式等由英文字母羅列的術語太多。

然而，只要搞懂這些名詞的意義，內容其實並不難，任何人都能理解。

因此即使是過去從未學過行銷的人，應該也能透過本書夾帶大量對話的插圖及文章，理解行銷的基本概念。

具體而言，這本書從「行銷的目的為何？」這個單純的疑問開始，從基礎中的基礎STP、4P（MM）到SWOT分析、3C分析、定位策略、競爭策略、PPM、藍海策略，以及最新的數位行銷AIDMA／AISAS／AISARE、關鍵字廣告、SEO／SEM、廣告聯盟、直效行銷等等，一口氣學會包羅萬象的最新行銷精髓。

建議看完這本書，對行銷產生興趣的人，可以再看《カール教授のビジネス集中講義マーケティング》（暫譯：卡爾教授的商業集中講義行銷）（朝日新聞出版），我想應該會有更深入的理解。

由衷地希望各位都能藉由這本書加深對行銷的理解。

平野敦土卡爾
寫於熱海

編註：Twitter 於 2023 年 7 月進行品牌重塑，改名為「X」。但因本書寫於 2021 年，為了配合原作者寫作時的背景，故全書仍維持「Twitter」的寫法。

CONTENTS

Chapter 1　首先要掌握行銷的基本概念

Chapter 2　如何利用市場分析發掘自家公司的優勢

Chapter 3　如何打造讓企業價值最大化的行銷策略

Chapter 4　以宣傳策略抓住顧客的心

Chapter 5　讓客人成為粉絲的顧客行銷

Chapter 6　向世界最先進的企業學習成功策略

Chapter 7 高速成長企業的最新行銷策略

首先要掌握行銷的基本概念

即使聽過「行銷」這個詞彙，或許也很難具體說明行銷究竟是怎麼一回事。
因此以下先為各位介紹行銷的基本概念。

01 行銷的目的為何？

凡是能開發出眾所矚目、大受歡迎的商品，這些企業及廠商通常也都致力於行銷。以下就為各位具體地介紹行銷究竟是為了什麼？又做了些什麼？

KEY WORD ▶ 行銷、銷售

▶▶▶因社群網站的普及，行銷愈發重要！

在商業活動的現場經常會用到「行銷」這個單字，但其實很多人都沒有正確地理解這個單字。因為行銷需要讀取消費者的需求，日本人經常以「市場調查」來指稱行銷，但市場調查只不過是行銷的一環。

行銷的定義可以簡單整理為「掌握社會趨勢及消費者的喜好等，提供適合的產品或服務，從中獲取利益」。因此企業或廠商為了打造出這種商品做的一切努力，包括但不限於「商品開發」、「廣告」、「宣傳」、「販賣」等行為都將成為行銷的要素。

最近隨著社群網站普及，消費者可以在短時間內對各式各樣的商品進行比較。使得消費者的眼光變得愈來愈高，喜好也變得愈來愈難以捉摸。因此企業或廠商必須努力讓消費者產生「想買」自家商品的心情才行。這也意味著必須比以前更縝密且慎重地行銷。

▶▶▶行銷與銷售的差別

另外，像賣衣服的服飾店店員那樣，以「這件衣服很適合您」之類的話術推銷商品的行為即稱為「銷售（推銷、販賣）」，可見企業或廠商更著重於「想賣出去」的心情，與行銷有所區別。

相較於銷售是站在賣東西的人「該怎麼賣出商品」的角度來思考，行銷則是站在「商品為什麼會大賣」的顧客角度來思考。舉例來說，分析客人的年齡層，多進一些主要客群會喜歡的花色或款式，以及價格也讓他們買得起的衣服來賣，這種行為即屬於行銷。

有鑑於此，被譽為「現代管理學之父」的彼得·杜拉克（1909～2005年）表示「行銷的目的是要使銷售變得多餘」。

行銷的主要任務

挖掘消費者的「需求」

仔細地研究消費者對新產品或服務有什麼需求。如今隨著社群網站普及，企業及廠商比以前更容易對消費者進行問卷調查或聽到消費者的心聲。

生產符合「需求」的產品

具備愈多消費者渴望的要素，產品受歡迎的可能性愈高。但是礙於技術或資金等問題，不可能滿足所有的需求，因此，取得一個折衷點也是行銷的任務。

如何讓消費者知道有新產品這點很重要。因此通常會先打廣告，藉此打開知名度，但也要思考向哪些客層投放廣告才有效。

構思有效的廣告

針對目標對象的客群製作具有「致命吸引力」的廣告，讓消費者對新產品產生「想買」的心情。思考在此之後要如何販賣也是行銷的任務。

向消費者強調新產品的魅力

02 「需要」與「想要」的差別

為了讓消費者對商品產生「想買」的心情，必須了解消費者所求，而那種欲望稱為「需要」。然而，購買的動機中還有稱為「想要」的另一種欲望。

▶▶▶重點在於有沒有「必要性」！

「需要」這個單字經常用來表示要求或希望的意思，例如「消費者有很高的需要」或「符合需要的商品應有盡有」。在行銷的世界裡，也有琳琅滿目的解釋方法，但若簡單濃縮成一句話，就是「人類活在世上，覺得必要之物處於不夠的狀態」。

另一方面，「想要」也具有類似的意思。但「想要」的定義比「需要」稍微複雜一點，亦即「對特定物品或服務的欲望；或者是，希望用來選擇之判斷依據能再多一些附加價值的欲望」。說得更簡單點，「想要」就是尚未浮上檯面的「需要」。

因此，素有「行銷之神」美譽的菲利浦·科特勒（1931年～）認為行銷是「創造、提供價值，透過與他人交換，滿足需要或想要的過程」。

舉例來說，假設「一般型小烤箱」是能滿足平常要吃麵包的人需要的商品，那麼像阿拉丁（Aladdin）或百慕達（BALMUDA）等品牌雖然昂貴，但「可以把麵包烤得比一般烤箱更好吃的蒸氣烤箱」則是能滿足熱愛麵包或對食物味道很講究之人想要的商品。

▶▶▶「想要」比「需要」更不容易發現！

根據消費者的「需要」開發新商品或服務，在行銷領域稱為「需求導向」。另一方面，企業或廠商擁有獨家的技術或材質等稱之為「種子」（Seeds），根據種子開發出新商品或服務的做法則稱為「種子導向」，兩者是不一樣的概念。

尚未浮上檯面的「想要」很難被注意到，所幸種子導向的行銷方式具有比較容易發現此欲求的傾向。例如品牌阿拉丁，利用其身為暖氣製造業者多年來培養的遠紅外線技術，開發出高級烤箱。

有時候「想要」就躲在「需要」的背後

NEEDS

- 感覺到購買的必要性，或是感受到想擁有的心情。
- 已經浮上檯面，容易掌握。
- 通常屬於較普遍的情境。
- 例如「需要一台用來烤土司的烤箱」就是需要。

WANTS

- 具體的物品或服務、希望用來選擇的判斷依據能再多一些附加價值的欲望。
- 通常尚未浮上檯面，本人也沒有意識到。
- 依個人的喜好細分。
- 例如「如果能烤出好吃的麵包，就算貴一點也會買」就是想要。

03 市場擴大＝需要與想要的多元化

隨著時代演進、市場擴大，「行銷」應運而生。最早開先河的是A・W・肖與R・S・巴特勒。兩人提出了在市場上創造出需求的方法，奠定行銷的基礎。

KEY WORD ▶ 需要、想要

▶▶▶ 行銷誕生自市場的擴大

行銷的概念誕生於二十世紀初期的美國。當時美國剛控制住與原住民的鬥爭及其他國家的干預，得以致力於擴大國土及工業化。另一方面，鐵道的發達也為近代化的推動做出巨大的貢獻。拜鐵路所賜，即使離得再遠的地方，也能一次將大量的商品迅速送到，一口氣擴大了市場。另外，電話等通信機器的發達與普及也助擴大市場一臂之力。

於是「該怎麼做才能在更大的市場上賣出更多的商品？」的疑問也應運而生。當銷售通路逐漸完善，需要一套能在更大的市場販賣商品的手法，因此開始有人使用「行銷」這個字眼。

經營事務設備公司的A・W・肖（Arch Wilkinson Shaw，1876～1962年）與曾經是P&G寶僑公司員工的R・S・巴特勒（R.S. Butler，1882～1971年）是行銷學草創初期的先驅。

A・W・肖在論文裡提到「如欲販賣商品，必須用科學的方法分析市場」。另一方面，R・S・巴特勒則致力於製作與行銷有關的教材，在威斯康辛大學開課，推廣行銷的理論，奠定行銷的基礎。

▶▶▶ 從需要到想要的行銷

行銷的基本概念為「讓消費者認識商品、服務，促使消費者購買」的流程。但無論再怎麼理想的商品或服務，只要消費者不覺得「想要」就不會購買。因此必須傾聽消費者的心聲或進行調查，了解消費者的「需要」。

繼續對「需要」進行深入的分析，就能發現消費者尚未浮上檯面的欲望，也就是「想要」。在經濟水準提升、供過於求的現在，消費者傾向於追求能滿足其想要而不是需要的商品。

「行銷」誕生的背景

拜電話等通信網絡發達所賜，原本分散各地的市場得以整合起來，使整個美國都成為販賣商品的場域。

因為鐵道發達，可以迅速地將大量商品輸送到全美各地，有助於擴大市場。

Ａ・Ｗ・肖說「如欲販賣商品，必須用科學的方法分析市場」，Ｒ・Ｓ・巴特勒則提倡「研究市場與研究商品一樣重要」。

由於可以大量生產，為了讓產品被大量消費，必須開發出符合顧客需要的商品及服務。

例如在很多礦工的城市裡販賣有益健康、風味清淡的罐頭，經常忙得滿頭大汗的礦工追求的是重口味的產品，風味清淡的罐頭根本賣不出去，令零售店及廠商傷透腦筋！

味道太淡了！

Pork Beans

需要與想要依時代、地域、性別、年齡而異

江戶時代

明治以前的日本有一段不吃肉的時期，因此是以大量食用米飯等主食的方式填飽肚子。尤其是江戶時代，人們認為加入雜糧的飯是「窮人吃的東西」，對其敬而遠之，更偏愛白米飯。

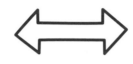

時代造成的變化

現代

到了飲食習慣改變的現代，人們已能輕鬆地吃到肉或魚等配菜。因此，米飯等主食的食用量減少，為了健康而主動改吃雜糧的人也與日俱增。

日本

日本的濕氣較重，衣服很容易被汗水弄髒，再加上水資源不虞匱乏，人們三不五時就在洗衣服。也因此，會選擇使用雖然要用掉大量的水，卻能在短時間內洗淨污垢的直立式洗衣機。

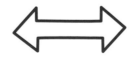

地域造成的變化

歐美

在氣候較乾燥、水資源相對匱乏的歐美，不會那麼頻繁地洗衣服。因此，會以雖然比較花時間，但只需少量用水就能徹底洗淨污垢的滾筒式洗衣機為主流。

男性

一般而言,男性的食欲比女性旺盛,偏好份量十足的料理。因此鎖定男性顧客的餐飲店皆以能免費升級大碗的服務或一定能吃飽的菜單為賣點。

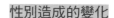

性別造成的變化

女性

一般來說,女性的食量比男性小,具有重質不重量的傾向。因此,鎖定女性顧客的餐飲店會以「可以每種口味都吃到一點」的菜單最受歡迎。

正值壯年

正值壯年的30～40歲中年人因為還有體力,即使要晾沉甸甸的棉被也不會太感辛苦。比起搬運棉被的勞力,更煩惱的是怕沒有地方曬。

年齡造成的變化

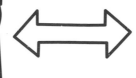

老年人

一旦變成老人,因為體力衰退,光要曬個被子就是件苦差事。因此年長者通常會選購能輕鬆地將棉被烘得膨鬆柔軟的小型家電,例如烘被機。

04 正確地解讀消費者所追求的「利益」

買東西時，消費者真正想要的，其實是藉由買東西這個行為所得到的好處，稱為「利益」。一旦忘記這點，企業可能會陷入收關存亡的狀況。

▶▶▶顧客真正想要的是「利益」

當然，顧客不會漫無目的地亂買東西。那麼顧客買東西的時候在想什麼？又在追求什麼呢？有一種形容可以回答此問題，那就是「來買電鑽的人需要的不是電鑽，而是一個『洞』」。

這句話的意思是，來買電鑽的顧客真正追求的不是電鑽這項商品，而是「鑽洞」這件事。如此這般，藉由購買商品得到的效果或價值等產物，在行銷上的用語是「Benefit」，翻譯成中文即為「利益」之意。

利益是肉眼看不見的無形價值，因此很容易被忽略，企業若能藉由商品或服務提供顧客所追求的利益，就能刺激顧客的購買欲望，促使顧客消費。

提倡此道的西奧多‧李維特（1925年～）是美國的兩大行銷學者之一。他發表過許多與行銷有關的論文、著作，其中除了電鑽的例子，他也介紹過知名化妝品公司露華濃（Revlon）的董事長之名言：「工廠的任務是生產化妝品，店舖的使命是向女性兜售變美的夢想。」

▶▶▶短視近利的行銷很危險

萬一忘了利益，企業可能會發生重大危機。李維特在其著作中舉美國的鐵道公司為例，說明忽略利益可能會害一家公司倒閉。書中寫到，該鐵道公司因為過於堅持鐵路運輸，來不及跟上汽車或飛機等其他運輸服務的大眾化腳步，導致業績一落千丈。李維特在其名為〈行銷短視〉的論文中稱這種對利益的誤判為「行銷短視症」（Marketing Myopia）。

利益的具體範例

熟食小菜＝省去做菜的時間

馬鈴薯沙拉

炸雞塊

滷羊栖菜

以超級市場為例，賣的不止是蔬菜或肉等食材及熟食小菜，也等同販賣一家團圓用餐時必要的「省去做菜的時間（利益）」。

05 最終目標是「行銷4.0」

行銷時必須鎖定「目標對象」。上述的目標對象隨時代不斷變化、擴大。菲利浦・科特勒以「需求層次理論」為本，說明鎖定目標對象的必要性及選擇的方法。

KEY WORD ▶ 需求層次理論、行銷 4.0

▶▶▶滿足「自我表現欲」的行銷

「目標對象」是行銷時的重中之重。如果沒有好好地鎖定目標對象，就無法推動商品的開發及販賣。鎖定目標對象時請務必注意一點，那就是「目標對象會隨時代演變」。科特勒分成「行銷1.0～4.0」的四個階段來解說這件事。

簡單說明一下「行銷1.0～4.0」。首先是第一階段的「行銷1.0」，這是以產品為主的思考模式，為了以低價格提供高品質的商品，以主流市場（一般大眾）為對象，單方面打廣告、做宣傳的方式。其次的「行銷2.0」是顧客導向的方法，從雙向溝通中掌握住消費者需求，配合消費者的需求去開發、提供商品。接下來的「行銷3.0」是讓產品或服務充滿社會貢獻等形而上附加價值的方法。

而發表於2014年的「行銷4.0」則是因應科技時代的到來，著眼於愈來愈顯著的自我實現欲求，建立於協助每位消費者實現自我、一起實現夢想的構想。由此可見，行銷的對象會隨時代變化，從物品變成社會貢獻，再變成自我實現。

▶▶▶依循需求層次理論的「行銷4.0」

科特勒的「行銷4.0」依循著「需求層次理論」。需求層次理論是由心理學家亞伯拉罕・馬斯洛（1908～1970年）提倡的觀念，是串連起商品的購買動機與欲望、將其畫成金字塔的思考邏輯。由下而上分別是「生理需求」、「安全需求」、「愛與歸屬需求」、「認同（尊重）需求」、「自我實現的需求」等五個階段。配合這五階段，科特勒在自己的著作《行銷4.0》（*Marketing 4.0*）裡，將現代行銷的目標對象設定為金字塔頂端想滿足「自我實現需求」的人。

行銷1.0～4.0的差異

行銷1.0

以產品為主的行銷，利用媒體單方面地宣傳便宜、高品質的產品資訊。

行銷2.0

顧客導向的行銷。在商品及資訊皆已廣為流傳的情況下，試圖利用雙向溝通抓住顧客的心。

行銷3.0

針對希望能透過購買活動進行社會貢獻等追求精神上滿足的消費者所做的行銷。

馬斯洛的需求層次理論（金字塔）

自我實現需求

認同（尊重）需求

愛與歸屬需求

安全需求

生理需求

行銷4.0

心理學家亞伯拉罕‧馬斯洛將人類的需求分成五層金字塔的觀點。當下層的需求得到滿足，人類就會追求更上面一層的需求。這也是科特勒「行銷4.0」概念的原型。

06 何謂鎖定目標顧客的STP？

行銷時，首先要思考的是「針對誰？製造什麼樣的商品或服務？」鎖定目標市場的顧客則是一切的起點。鎖定目標顧客的方法請遵循「STP」進行。

▶▶▶「STP」是行銷的基礎

要以誰為對象去開發、宣傳商品呢？這時鎖定目標市場的顧客顯得格外重要。這種方法稱為「STP」，分別取自市場區隔（Segmentation）、選擇目標市場（Targeting）、市場定位（Positioning）的英文首字母。這是科特勒提倡的代表性行銷手法之一，如今已是基礎中的基礎。

簡單地說明一下。STP指的是釐清想把商品或服務賣給誰，即目標市場的顧客，接著鎖定目標顧客來研擬策略，如此一來就能開拓容易促使顧客掏錢的市場。

市場區隔是STP的第一階段，從年齡、性別、地區、職業、所得、購買行為等各種不同的角度切入，將顧客分門別類。第二階段為選擇目標市場，亦即鎖定要把東西賣給市場區隔的哪些顧客。最後第三階段的市場定位，是指為了迎合目標市場的顧客所好，決定自家公司的商品在想要販賣給顧客之商品或服務類型中所佔的位置。

STP最重要的，莫過於盡可能細緻地為顧客分類，鎖定對自家公司有益的客群。其次，則是釐清希望那些顧客對自家商品或服務認識到什麼程度。此舉有助於商品或服務的開發、訴求。

▶▶▶用定位圖確立自己的定位

在執行STP的最後一個階段，亦即市場定位時，請製作「定位圖」。這麼做可以讓自家公司在該類型的定位更加明確，也能更有效地開發、宣傳商品，促進顧客買下商品或服務。

以成衣品牌ZARA為例。ZARA的營業額高居業界龍頭，向來以「功能性與流行性」、「便宜與昂貴」兩大軸心分析自己的市場定位。而結果是，他們決定以經濟實惠的價格販賣流行性高的服飾，最後在競爭激烈的快時尚產業中成功闖出一片天。

「STP」的內容

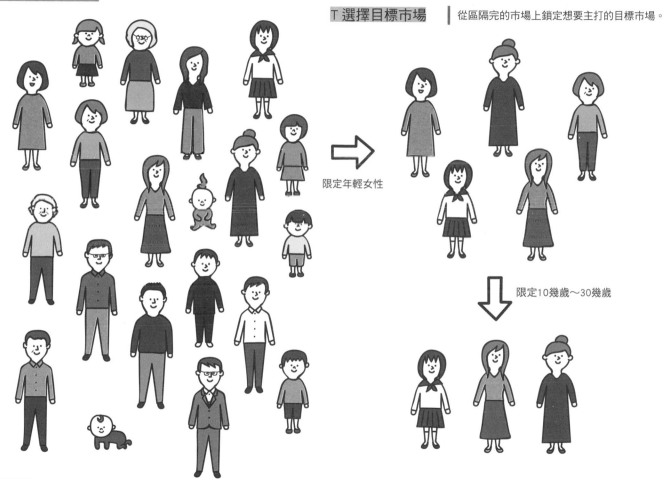

T 選擇目標市場 | 從區隔完的市場上鎖定想要主打的目標市場。

限定年輕女性

限定10幾歲～30幾歲

S 市場區隔 | 從年齡、性別、地區、職業、所得、購買行為等各種不同的角度切入，將顧客分門別類。

P 市場定位 | 針對鎖定的目標市場，在自家產品或服務的類型中做出明確的差異化。

07 與行銷息息相關的 4P 與 4C 有何不同

為了有效販賣商品或服務而構思的策略稱為「行銷組合」。因應時代的潮流，從站在賣方角度思考的「4P」轉換到重視買方觀點的「4C」。

▶▶▶「4P」是行銷策略的基礎

做完STP分析後，接著要針對區隔出來的目標市場，決定採取什麼樣的銷售模式。此舉稱為行銷組合（MM）。最標準的方法是4P。4P取自行銷四大要素的第一個英文字母，分別是產品（Product）、價格（Price）、通路（Place）、促銷（Promotion）。

「行銷組合」是1950年代由哈佛商學院的教授尼爾·H·博登（1895～1980年），「4P」則是1960年由行銷學者艾德蒙·傑洛米·麥卡錫（1928～2015年）提倡的觀念。

麥卡錫很重視顧客需求，認為以符合顧客需求的價格去提供顧客需求的商品，再搭配符合顧客需求的促銷活動，把商品送到符合顧客需求的通路，是「商品暢銷的祕訣」。

然而，麥卡錫的4P是從賣方角度出發的思考邏輯，已經不符合時代潮流。於是，出現了站在買方角度思考的4C。這是由經濟學家羅伯特·勞特朋（1936年～）於1990年提倡的概念，如今4C已然成為行銷組合的標準手法。

▶▶▶ 從賣方角度的 4P 到買方角度的 4C

4C是由消費者需求（Consumer）、顧客成本（Customer Cost）、便利性（Convenience）、溝通（Communication）的英文首字母構成。意指利用等價的費用，去交換符合消費者利益或能解決問題的商品或服務。這個手法透過與顧客雙向的溝通，讓顧客接收商品資訊、理解商品價值，採取對顧客最為方便的流通手法。

另外，4C也是從買賣雙方互利共生的觀點出發，思考商品（Commodity）、成本（Cost）、流通管道（Channel）和溝通（Communication）的想法。

4P與4C的差異

Product

Price

4P

行銷組合基礎中的基礎。由麥卡錫於1960年代提倡，站在賣方角度思考的手法。

Place

Promotion

價格　設計　功能

Consumer

Customer cost

4C

「4C」是勞特朋於1990年代提倡的觀念，是站在買方角度思考的手法，已經變成目前的標準。

Convenience

Communication

08 商品擁有的「四個價值與四項成本」

商品價值依使用者及購買者的想法而異。包括購買及消費者行為在內，如果能以數值計算出其滿意度，就能提高該商品的「淨顧客價值」。

KEY WORD ▶ 淨顧客價值

▶▶▶ 顧客價值的公式

決定物品價值的標準往往因人而異。因為物品價值是相對的，也就是說，要在與他者產生關係的前提下才能成立。美國的管理大師菲利浦·科特勒提倡一種數值化的思考模式，將物品本身的價值，還有購買及消費者行為也包含在內的顧客滿意度稱為「淨顧客價值」。

「總顧客價值」－「總顧客成本」是導出上述「淨顧客價值」的公式。

總顧客價值，是顧客對物品或服務的期待總合。另一方面，物品（商品）本身的費用及購買時花費的時間、精神等成本加起來即為總顧客成本。顧客期待新商品上市（總顧客價值），一大早就去店門口排隊購買（總顧客成本）。前者減去後者即為顧客感受到的「淨顧客價值」。

只要算出淨顧客價值，就能計算如何讓顧客對商品或服務所提供的顧客價值，感到比自己預期的還要高。第一種方法是增加總顧客價值，第二種方法是降低總顧客成本。只要利用這兩種方法，就能透過算式讓顧客感受到更高的淨顧客價值。

▶▶▶ 重新審視總顧客價值與總顧客成本

以下具體地審視總顧客價值與總顧客成本。總顧客價值有四種，分別是耐用度及功能、設計性、珍貴程度等「商品價值」；維護及修理等「服務價值」；工作人員的服務態度及售後服務等「員工價值」；企業及品牌形象的「形象價值」。

總顧客成本也有四種，分別是商品價格、維修費用、配送及運輸費用等「金錢成本」；等待交貨的時間、交涉時間、學會使用方法的時間等「時間成本」；購買手續、買了帶回家的勞力、尋找商品的勞力等「勞力成本」；第一次購買的不安、付款的壓力等「心理成本」。請具體地審視這些成本，方能提升淨顧客價值。

淨顧客價值的公式

超期待新的公仔

上市當天前一天
就去排隊

好像沒有必要
排隊購買

總顧客價值

總顧客價值與對商品的
期待成正比。

總顧客成本

總顧客成本與為了得到商
品所花的勞力成正比。

淨顧客價值

如果商品不符合期
待，可能有降低淨
顧客價值的風險。

提升商品品質、滿足顧客期
待，就能提高總顧客價值。

減少顧客的時間成本，讓顧
客更容易買到商品，有助於
降低總顧客成本。

淨顧客價值與營業收
入成正比。

做的好逼真喔！

上網預訂就行了！

09 轉型數位行銷

現代的行銷不止有交易及廣告，也正轉型成為分析大數據、並加以活用的綜合型行銷。數位行銷具有什麼樣的特性，又要如何有效地活用呢？

▶▶▶網路上的資訊也要一併管理

近年來，電視廣告的業務量已經被網路廣告超越了，足見可以雙向數據交流的數位行銷儼然已成為行銷的主流。

然而，如今必須跳脫一般人的想法，不能只是一貫地利用自家公司的官網被動地進行交易，必須利用各種媒體及方法蒐集顧客資訊，分析從中獲得的大數據，展開綜合型的商業活動。

例如發行電子報，以低廉的成本提供資訊給核心使用者，同樣地，善用Facebook、Twitter或Instagram等社群行銷也變得理所當然。

另外，邀請所謂的網紅或意見領袖，亦即擁有巨大影響力的網路使用者或知名YouTuber接業配，也是最近已經司空見慣的做法。

不過，數位行銷的本質不止是網路上的交易或廣告，

整合式地管理網路外側的真實情報，例如企業客服中心收到的反饋或利用實體店舖的POS（Point of Sale，銷售時點情報系統）蒐集到的數據等，也是數位行銷的特性。

在數位環境下，積極地交換各種訊息的生活型態，今後應該會變得更熱絡。

▶▶▶重點在於從初期就採用的基本技巧

橫幅廣告及電子報等手法，出現於數位行銷的草創初期，而在那之後誕生了對資訊進行存取分析及善用部落格的方法。近年來，則以利用透過手機或社群網站蒐集到的大數據為主流。然而，請千萬不要誤會，主流的手法不見得能產生最大效果。

關鍵還是在於基本的橫幅廣告或電子報、聯盟行銷、SEO（搜尋引擎優化）、SEM（搜尋引擎行銷）、存取分析等初期就採用的基礎方法。而最新的潮流技巧，不妨將其視為增加附加價值的工具更為妥當。

各種串起消費者與企業的平台

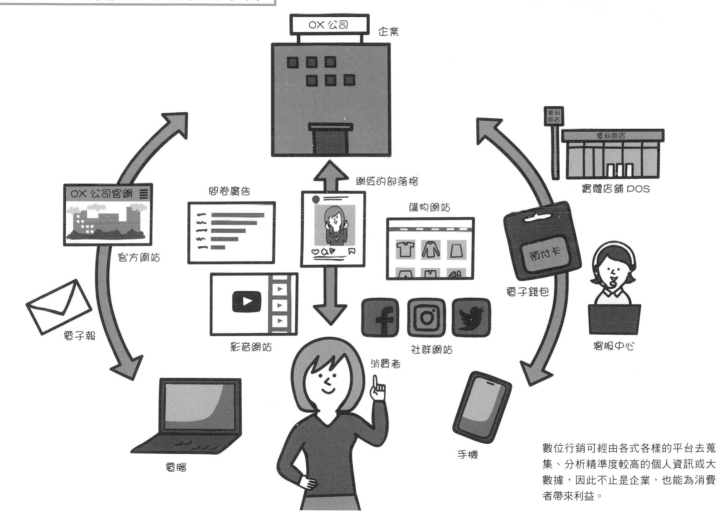

企業

OX公司

OX公司官網
官方網站

電子報

電腦

問卷廣告

影音網站

網紅的部落格

社群網站

消費者

購物網站

電子錢包

手機

優利商店

實體店舖POS

客服中心

數位行銷可經由各式各樣的平台去蒐集、分析精準度較高的個人資訊或大數據,因此不止是企業,也能為消費者帶來利益。

10 數位行銷的優點

透過數位行銷，可以分析個人喜好、鎖定目標對象去投放廣告或傳達資訊。此外，能有彈性地迅速提供消費者需要的資訊，可以說是數位行銷最大的優點。

KEY WORD 搜尋性、雙向性、即時性

▶ ▶ ▶ 運用個人資料的定向廣告

以傳統的行銷手法製作的宣傳廣告廣而淺，對象為絕大多數的消費者，目的是傳達產品或服務的訊息。因此，企業與消費者的連結還是以實體店舖的陳列及電視雜誌等媒體廣告，再加上介紹（口耳相傳）為主。

然而現在的數位行銷還要會善用搜尋引擎及社群網站。至於過去傳統的行銷與數位行銷最大的差別在哪裡呢？廣告的投放方式即為其中之一。

假設是與美容相關的營養補充品，截至目前的行銷都是在可以被目標消費者看到的女性雜誌或報紙等媒體上刊登廣告。為了讓商品廣告發揮作用，廣告主的判斷標準只著眼於媒體的選擇。

然而，數位行銷則具有從消費者瀏覽過哪些網站、搜尋過哪些關鍵字的紀錄中找出其感興趣的類型，針對每一個人投放廣告的優點。

這種廣告手法又稱為「定向廣告」，以「匿名」的方式取得「消費者本人同意」的資料並加以利用，這如今已是相當普遍的做法。

▶ ▶ ▶ 數位行銷的彈性

傳統的行銷是從一定方向持續播放一定的訊息。但是隨著網路普及，廣告手法已不可同日而語。首先是「搜尋性」：消費者看到廣告，不只決定「要不要買」，還多了搜尋類似商品、「選擇性購買」的選項。其次是「雙向性」：消費者可以提出意見或要求，從而讓企業看見之前沒注意到的潛在需求。最後是「即時性」：可以配合商品的改版或時事議題，在第一時間更新廣告內容。這種彈性對獲得消費者信賴有很大的幫助。

數位行銷的特徵

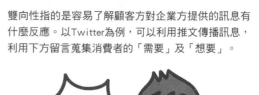

雙向性

雙向性指的是容易了解顧客方對企業方提供的訊息有什麼反應。以Twitter為例，可以利用推文傳播訊息，利用下方留言蒐集消費者的「需要」及「想要」。

即時性

可以立刻發送最新訊息。只不過，如果發送的訊息有誤或內容不恰當的話，這種即時性反而會弄巧成拙，因此必須仔細地檢查過內容再發出去。

搜尋性

有助於顧客得到商品資訊或比較商品的品質。只不過，搜尋件數如果太多，自家公司的產品被埋沒的風險也相對提高，所以必須花點工夫讓自家商品出現在搜尋結果的前幾位。

如何利用市場分析發掘自家公司的優勢

掌握了行銷的基礎之後，接著就要實踐。
為了擬定實務上對業務有幫助的策略，必須分析自家公司與外部的市場環境。

01 擬定策略時不可或缺的五個步驟

如果只是漫無目的地進行市場調查，無法得到行銷的效果。必須事先界定明確的目的或目標，搞清楚該怎麼實施。因此需要以下的五個步驟。

KEY WORD ▶ 市場調查、STP、MM、Implementation、Control、KSF、KGI、KPI

▶▶▶事前、事後的評估也很重要

寫文章向對方表達某件事的時候，我猜各位都聽說過5W1H很重要。何時（When）？由誰（Who）？在哪裡（Where）？做什麼（What）？為什麼（Why）？怎麼做（How）？只要缺了其中一項要素，就無法將訊息正確地傳達給對方。

行銷策略也不例外，有五個不可或缺的要素。「在哪裡」、「以多少錢」、「怎麼賣」、「什麼東西」、「給誰」。這五個要素不能憑感覺決定，近年的行銷策略都遵循以下的R、STP、MM、I、C等五步驟。

第一個步驟是市場調查（Research），對某一項業務所在的市場進行調查及分析。一般提到行銷，都會聯想到市場調查，但市場調查其實只是行銷的第一步。

接著就是鎖定目標，這部分便是由p.22介紹的市場區隔（Segmentation）、選擇目標市場（Targeting）、市場定位（Positioning）等三大要素構成，簡稱STP。

第三個步驟是行銷組合（Marketing Mix＝MM）。一般的做法是具體地決定要如何設定4P（產品、價格、通路、促銷）。經過上述的步驟，終於來到第四個步驟，亦即設定行銷策略的目標與執行（Implementation），這也是一路縝密計畫的方案終於要執行的瞬間。

然而，行銷策略並非就到此為止。第五步驟，便是在執行的過程中也要仔細地監控管理（Control），觀察行銷的效果及需要改善的地方，逐一反應。這時要從為了達成目標的**關鍵成功因素**（Key Success Factor＝KSF）、經營策略上的**關鍵目標指標**（Key Goal Indicator＝KGI）、執行業務時會對達成目標造成影響的**關鍵績效指標**（Key Performance Indicator＝KPI）這三個指標來給予評估。

利用五個步驟提升行銷的精準度

進行與業務有關的調查與分析。首先是總體環境分析與個體環境分析。之後還有PEST分析、五力分析、SWOT分析、3C分析等方法^(注)。

R

市場調查

利用市場區隔、選擇目標市場、市場定位等手法鎖定目標客層。

STP

鎖定目標

從產品、價格、通路、促銷的4P思考如何打動鎖定的目標客層。

Price　Promotion　Product　Place

MM

行銷組合

設定實際執行販賣策略或計畫時的目標數值，擬定行銷策略。也要考慮到與其他四個步驟的合作關係。

I

設定行銷策略的目標與執行

Implementation

衡量效果，配合成績來分析改善策略的成功要素，並重新審視應達成的目標值或執行業務時的指標。

C

監控管理

Control

編注：前述分析方法之介紹，請依序分別見本書第 40、46、44、38 頁。

02 策略的「外部」與「內部」分析也缺一不可

分析狀況時，人很容易只看到外部環境。但是將自家公司的內部環境也包含在內去進行分析，才能擬定有效的行銷策略。

■ **KEY WORD** ▶ VRIO 分析、PEST 分析、SWOT 分析

▶▶▶從不同的角度掌握情況，乃成功之鑰

行銷策略，要從正確地掌握自家公司現處的狀況開始。

如右圖所示，無論何種事業，都會因為各式各樣的因素，例如匯率的變動及用於製造商品的原物料價格變動、其他競爭對手的動向、與企業活動有關的修法等等，隨環境產生令人眼花撩亂的變化。如果沒有掌握住這些變化就去研礙策略，很可能會白費工夫。因此為了精準地掌握環境，就必須搞清楚這些環境要素，而這可以從兩個觀點來分析。

第一個觀點是**內部環境分析**。這是指自家公司的業務能力或開發商品的能力強不強、有沒有資金或人脈，也就是跟企業實力有關的部分。如果策略超乎自己的能力，遲早有一天會不堪負荷，所以維持客觀角度、冷靜地評估至關重要。

另一個觀點是**外部環境分析**。包括上述的價格變動及其他競爭對手的動向等要素在內，分成以宏觀的角度去掌握政治及經濟、環境、技術、文化等環境，以及由微觀的角度去觀察市場動向之類的環境。VRIO分析是內部環境分析的主要手段，PEST分析則是外部環境分析的主要手段，再加上同時分析內部與外部環境的3C分析、SWOT分析及Cross SWOT分析，就能找出KSF（關鍵成功因素）。

左右企業策略的重大要素

內部環境與外部環境的分析手法不太一樣

內部環境分析

從各種不同的角度分析自家公司拿手的領域或弱點、經營狀況及資金、有沒有人才等等。這時要運用由價值（Value）、稀有性（Rarity）、不可模仿性（Inimitability）和組織體制（Organization）構成的**VRIO分析**。

內部與外部環境分析

SWOT分析（見p.44）與3C分析（見p.38）是同時以內部環境與外部環境為分析對象。

外部環境分析

對掌握整個社會變化的總體環境與市場動向，或是周邊企業的動向等個體環境進行分析。主要利用p.40介紹的PEST分析。

03 分析外部、內部環境的「3C」框架

如果沒有客觀的判斷基準，就無法對環境給予正確評估。本篇說明如何利用3C分析，從外部環境分析到內部環境，並且反應在行銷策略上。

KEY WORD ▶ 3C 分析

▶▶▶環境分析的框架「3C」

　　若只是單純地觀察自家公司內部，難以掌握自身對外具有什麼意義，以及何種優勢。這時就輪到名為3C分析的工具框架登場了。3C是從市場、顧客（Customer）、競爭對手（Competitor）、自家公司（Company）等三個角度觀察環境、加以分析，可以依序從外部分析到內部，對環境進行分析。

　　最初著手的是「市場、顧客」。這部分是從市場規模及區隔、成長性、顧客的需求、購買的過程等各種不同觀點進行評估。然而，這樣一來還無法直接連結到自家公司的行銷策略。如果自家公司的事業是獨一無二的話還有可能，但大部分的情況是競爭對手會來搶奪市場。尤其在投入新產品、進軍新領域時，對「競爭對手」的分析就顯得格外重要。

利用3C來分析環境

市場、顧客（Customer）

分析事業的市場規模及成長性、決定購買的人等等，了解市場上有什麼樣的顧客。另外也要分析價格及品質、設計、品牌等足以影響購買行為的要素，將其反應在商品開發或銷售策略上。

有多少家競爭公司，還有那些公司的技術實力、價格區間、生產能力、販賣能力、財務能力、公司規模，以及市場門檻等等，必須加以分析和驗證的項目多如繁星。唯有正確地掌握這些項目，才能正確地衡量自家公司的優勢、擬定策略。這樣，才能掌握如何順應市場變化，有機會成為市場上的贏家。

自家公司（Company）

以「市場、顧客」和「競爭對手」的分析得到的資訊為基礎，從品牌力及生產力、技術等項目去評估、分析自家公司的策略。

競爭對手（Competitor）

分析該種事業有幾個競爭對手或進入市場的門檻高低、競爭對手的強弱及策略、業績（營業額、獲利性、市場佔有率）、經營資源（生產力、人才）等等。藉由掌握競爭對手的特徵來探索自家公司擴張事業版圖的可能性。

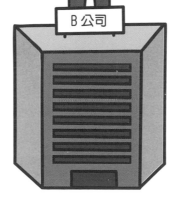

B公司

C公司

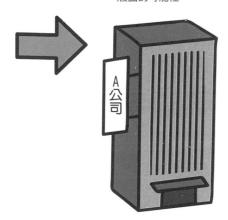

A公司

04 利用「PEST分析」掌握外部環境

外部環境分成可以由自家公司控制的個體環境，以及無法由自家公司控制的總體環境。透過PEST分析準確地掌握總體環境，將大大地左右行銷策略。

▶▶▶利用PEST分析自家公司無法掌控的總體環境

外部環境可以分成總體環境和個體環境。

個體環境是指自家公司在某種程度上可以加以控制的環境要素，以商品開發及出貨量增減、價格設定為常見的代表項目。以上能透過GCS分析（見p.42）掌握到細節。

另一方面，總體環境則是自家公司難以控制的環境要素。PEST分析在評估總體環境時很有用。PEST是從政治（Politics）、經濟（Economics）、社會（Society）、科技（Technology）這四個角度切入去分析、評估外部環境，以確定性及衝擊性的大小去判斷各要素。將其配置在風險評估向量圖上，便可以看出其重要性，藉此釐清環境對自家公司的影響，以及應該把重點放在何處、應該審慎面對的關鍵點。

此外，近年來除了這四大要素，社會也很重視生態（Ecology），所以再加上生態的話，便成為了PESTE分析。

何謂PEST分析 從**政治**、**經濟**、**社會**、**科技**的角度分析外部的總體環境。

政治（Politics）
與商業活動有關的法律限制或例外、修法、國內外的政治動向等。

經濟（Economics）
景氣及物價波動、GDP成長率、匯率及利率變動、平均所得水準等。

社會（Society）
顯示消費趨勢的人口動態及環境、生活型態及文化、流行的變化等。

科技（Technology）
會對商業活動造成影響的新技術之確立或新商品的完成、投資動向等。

由PESTE分析構成的風險評估向量圖

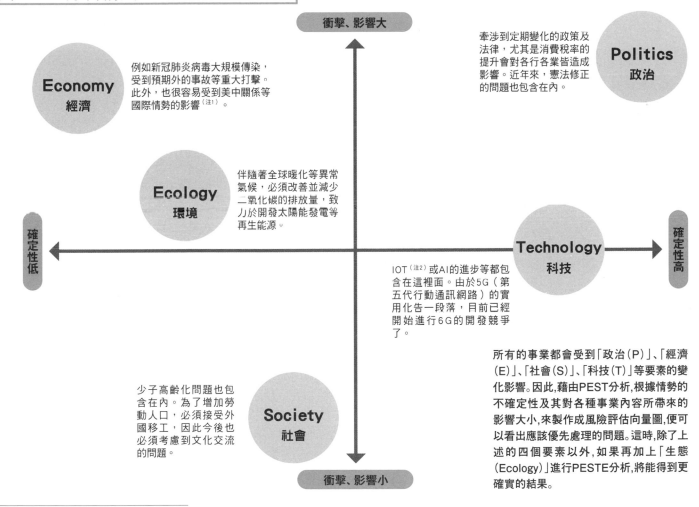

衝擊、影響大

例如新冠肺炎病毒大規模傳染，受到預期外的事故等重大打擊。此外，也很容易受到美中關係等國際情勢的影響（注1）。

Economy
經濟

牽涉到定期變化的政策及法律，尤其是消費稅率的提升會對各行各業皆造成影響。近年來，憲法修正的問題也包含在內。

Politics
政治

伴隨著全球暖化等異常氣候，必須改善並減少二氧化碳的排放量，致力於開發太陽能發電等再生能源。

Ecology
環境

確定性低

確定性高

Technology
科技

IOT（注2）或AI的進步等都包含在這裡面。由於5G（第五代行動通訊網路）的實用化告一段落，目前已經開始進行6G的開發競爭了。

所有的事業都會受到「政治（P）」、「經濟（E）」、「社會（S）」、「科技（T）」等要素的變化影響。因此，藉由PEST分析，根據情勢的不確定性及其對各種事業內容所帶來的影響大小，來製作成風險評估向量圖，便可以看出應該優先處理的問題。這時，除了上述的四個要素以外，如果再加上「生態（Ecology）」進行PESTE分析，將能得到更確實的結果。

少子高齡化問題也包含在內。為了增加勞動人口，必須接受外國移工，因此今後也必須考慮到文化交流的問題。

Society
社會

衝擊、影響小

---

1 編注：作者在此指的是以日本角度為論述。

2 編注：物聯網（Internet of Things），即所有連入網際網路且不屬於傳統電腦的裝置統稱。

了解個體環境的GCS分析

個體環境,是指企業端在某種程度上可以控制的環境。**GCS分析**則是分析個體環境時很有效的工具。

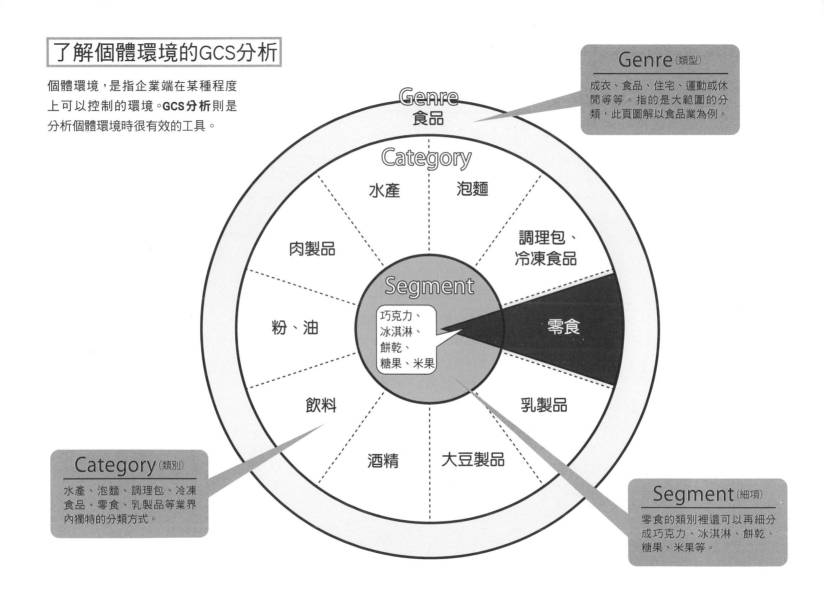

Genre（類型）

成衣、食品、住宅、運動或休閒等等。指的是大範圍的分類,此頁圖解以食品業為例。

Category（類別）

水產、泡麵、調理包、冷凍食品、零食、乳製品等業界內獨特的分類方式。

Segment（細項）

零食的類別裡還可以再細分成巧克力、冰淇淋、餅乾、糖果、米果等。

圖中文字

Genre 食品

Category

水產　泡麵

肉製品　調理包、冷凍食品

Segment

巧克力、冰淇淋、餅乾、糖果、米果

粉、油　零食

飲料　乳製品

酒精　大豆製品

了解總體環境的六大要素

總體環境，指的是企業無法控制的外部環境。右圖列舉的六大要素將各自相互影響，反應在面對顧客的產品開發或銷售策略上。

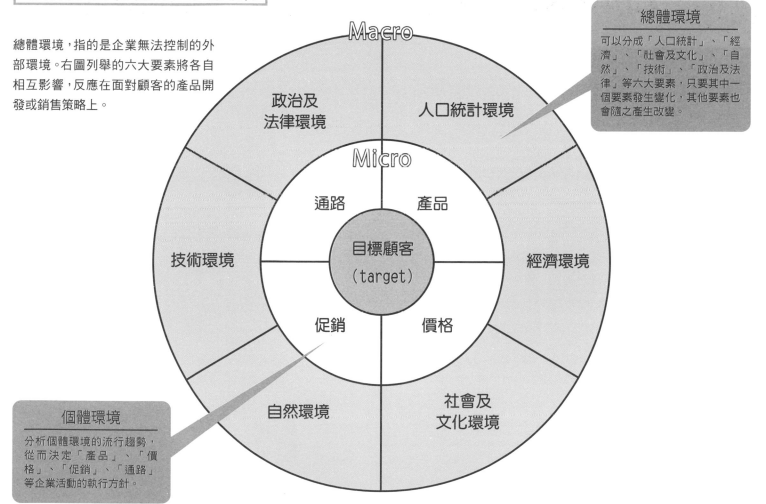

Macro

政治及
法律環境

人口統計環境

Micro

通路

產品

目標顧客
(target)

技術環境

經濟環境

促銷

價格

自然環境

社會及
文化環境

總體環境

可以分成「人口統計」、「經濟」、「社會及文化」、「自然」、「技術」、「政治及法律」等六大要素，只要其中一個要素發生變化，其他要素也會隨之產生改變。

個體環境

分析個體環境的流行趨勢，從而決定「產品」、「價格」、「促銷」、「通路」等企業活動的執行方針。

05 利用SWOT分析來掌握自家公司的定位

擬定行銷及經營的策略前，應該先了解自家公司所處的環境。只要能掌握自己在哪裡佔優勢、哪裡需要再加強，就能明白著手的優先順序及方向。

KEY WORD ▶ SWOT 分析、Cross SWOT 分析

▶▶▶整理加分與扣分要素

行銷及經營策略中，事先搞清楚必知之事是通往成功的不二法門。有效率地分析該調查什麼、該怎麼調查的方法即為**SWOT分析**。

首先，影響事業的要素分成內部環境和外部環境，內部環境又分成優勢（Strength）與劣勢（Weakness），外部環境則分成機會（Opportunity）與威脅（Threat）。只要了解自家公司的優勢，就能搞清楚商品的銷售重點、應擴大的市場方向等；只要了解自家公司的劣勢，就能搞清楚該如何加強的手段及克服問題所在，以及是否該從市場上撤退。

假設自家公司的優勢是熱銷商品的穩定收入與在全國各地都有分店，那麼伴隨而來的人事及廣告成本便成為劣勢，接著就會想到降低對熱銷商品的依賴、將分店的業務外包出去以減少人事費用、將廣告從主流媒體改成以數位行銷為主的手段等。此外，只要能認清自家公司的成長機

會，就能從目前正在進行的專案預測出幾年後的需求，從而擬定各種策略。

另一方面，了解對自家公司的威脅也很重要。只要能釐清哪些是威脅到自己利益的主要因素，就能事先擬定對策，看是要抵抗其他同業的抬頭，還是要迴避等。

Cross SWOT分析是更進一步的分析方法。Cross SWOT分析是分別對照內部環境的優勢與劣勢、外部環境的機會與威脅，從而進行分析。換句話說，透過優勢與機會、優勢與威脅、劣勢與機會、劣勢與威脅……比對各自的要素之後，就能更明確地知道自家公司應該採取何種對策。

倘若外界都稱讚自家公司的產品具有高度的技術性，就會產生「機會」；「威脅」則是進軍海外的腳步太慢的話，可以將造成人事費用過高（劣勢）的原因，也就是把多出來的人員派駐國外，讓劣勢與威脅互相抵銷，解決這些問題。此外，也可以把熱賣商品及世人對技術的好評作為武器，擬定對付其他同業的競爭策略，利用併購的方式解除威脅。

有效運用SWOT分析

利用SWOT分析了解「該做什麼」！

善用「優勢」與「機會」來擬定消除「劣勢」與「威脅」的對策

外包營業據點的業務，把多出來的人員派去海外擴點。

減少在主流媒體打廣告，以數位行銷為主。

利用穩定的收益進行M&A[註]，讓自己立於不敗之地。

外部環境

Opportunity：機會

高度的開發技術與商品知名度將創造出許多機會。

Threat：威脅

競爭對手的抬頭與進軍海外的腳步太慢將造成威脅。

○△製藥董事會

社長

營業部長

董事

內部環境

Strength：優勢

例如熱銷商品帶來的穩定收益，以及在全國各地都有分店。

Weakness：劣勢

例如廣告費用的負擔，以及人事成本的增加。

編注：即合併與收購（Merger & Acquisition）。

06 利用「五力」來分析業界的競爭狀態

進入將利益提升到最高的市場,是透過行銷獲得成功之際特別重要的一點。因此在決定要進入市場之前,必須徹底地釐清業界的競爭狀態、分析自家公司能不能在競爭中獲勝。

KEY WORD ▶ 五力

▶ ▶ ▶ 業界的五大威脅為何?

如果要進入新的市場,搞清楚能提升多少利益最為重要。哈佛商學院的麥可‧波特(1947年〜)教授所提倡的**五力分析**有助於了解這點。波特著眼於「獨佔企業的獲利率最高」這一點,將業界的競爭狀態分成五個要素,進行分析。

第一,把其他競爭對手的存在視為威脅。因為在彼此都為了提升自家公司利益而互相爭奪市佔率的情況下,有時就算價格競爭了也無法增加獲利。同時,也必須提供足以對抗的商品或服務內容。

第二,買方的交涉能力。一般消費者或批發商等中盤業者,會以低廉價格買進以擴大自身利益。一旦變成買方市場,就必須做好薄利多銷的心理準備。

第三,賣方的交涉能力。原物料的合作對象也會想方設法地哄抬價格,以增加其利益。原物料如果太貴,不是得提升定價,就是得降低利潤,只能二選一。

第四,替代品的威脅。說穿了,就是競爭對手以同樣的規格或價格,去販賣與自家公司相同的商品。除了價格及性能外,也必須將銷售規模及廣告費用考量進去。

第五則是後起之秀的威脅。尤其是門檻較低的市場,必須了解對方的市場規模或產品的性能等,再做出應對。

不止是接下來要進入新市場的企業,目前正在展開行銷活動的企業、分析自家公司投入的產業時,五力分析也相當管用。比較競爭對手與自家公司在業內的地位、從買方手中得到的營業利益率、因賣方的寡佔程度而產生的原料費用是否恰當,以及對抗後起之秀的手段是否有效……根據以上的分析,還能決定生意是要繼續做下去,還是要退出市場。

五力分析可說是正確地認識產業內的狀態,理解為了戰勝競爭對手,應該要控制住什麼要素的最佳分析方法。

利用五力分析了解產業的動向

①競爭對手

做出商品及服務的差異化並不容易，尤其市佔率競爭十分激烈的業界，即使發動價格競爭，可能也難以再提升多少利益。

⑤後起之秀的威脅

通路較封閉的話，後起之秀的威脅也比較低，但也不能忽略與競爭對手業務合作的風險。

②買方的交涉能力

指的是一般消費者或零售店等販賣業者。為了降低買方的交涉能力，必須提供其他公司沒有的商品或服務。

指的是能滿足與自家公司的商品或服務相同需求的東西。性能或品質、原創性愈高的東西愈不容易受到替代品的威脅。

④替代品的威脅

③賣方的交涉能力

指的是供應材料或原料的業者。寡佔程度愈高，賣方的交涉能力也愈高，如此一來就很難提升獲利。

07 利用「價值鏈分析」了解自家公司的優勢

自己的公司是以何種結構創造出利益呢？利用價值鏈分析來了解自家公司的優勢，同時也能明白公司的弱點。不僅如此，只要與競爭對手的狀況做比較，還能作為擬定行銷策略時的指標。

KEY WORD 價值鏈分析

▶ ▶ ▶ 將事業分成主要活動與支援活動

企業本身具有各種的機能，以○○部或○○課等部門來區分最為常見，也最簡單明瞭。根據麥可‧波特於1985年在其著作《競爭優勢》（*Competitive Advantage*）提倡的價值鏈分析，先將事業分成**主要活動**與**支援活動**兩種，再將主要活動分成進料物流（原料的進貨到配送）、生產（製造商品）、出貨物流（商品的集貨、管理、配送）、販售及行銷、售後服務等五大功能。支援活動則分成人事及勞務管理、技術開發、採購活動、企業基礎制度（會計、法務、財務等）等四種功能。接著再依循同樣的步驟為競爭對手進行分類，以這樣的基礎比較自家公司與其他公司各自的功能所扮演之角色與貢獻度。

例如自家公司在技術開發具有優勢，採購活動則是競爭對手佔上風，而自家公司雖然在販賣與行銷上優於對手，服務卻輸給對方，因此無法得到理想中的收益等事實屢見不鮮。這顯然是因為自家公司還沒創造出足以傲人的附加價值。

此外，藉由與競爭對手比較，也能了解自家公司有何優勢，又有什麼弱點。即使服務比不過競爭對手，還是能研擬對策，例如藉由增加維修中心或縮短修理所需的日期等方法來奪回市佔率。

企業的經營策略以①成本、②差異化、③專注等三點為基礎。③的專注還能與①的成本、②的差異化合體，變成四種策略，再從其中選定一種。假設技術開發是自家公司的優勢，那就以②的差異化再加上③專注於特定地區或領域的策略，就能有效地推進自家的經營策略。同時還能提升自家公司在該業界的競爭力，突顯出與其他公司的差異性。

利用價值鏈分析來了解自家公司的優勢

主要活動

進料物流
Inbound Logistics

生產
Operatuons

出貨物流
Outbound Logistics

快煮壺

販售及行銷
Sales & Marketing

使用上出了點問題

請稍等一下

客服中心

售後服務
Service

「進料物流」是指從原物料的進貨到配送的整個過程，「企業基礎制度」則包含會計、法務、財務在內。

支援活動

P先生太常加班了

人事及勞務管理
Human Resource Management

技術開發
Techinology Development

快點準備

採購活動
Procurement

企業基礎制度
Firm Infrastructure

08 針對個人，提供最恰當的個人化行銷

數位行銷最大的優勢在於，能運用與入口網站或購物網站共享的顧客資料。只要能分析顧客追求的商品，鎖定最適合顧客的商品，介紹給顧客，不費吹灰之力就能提升收益。

KEY WORD ▶ 個人化行銷

▶▶▶鎖定可能會購買的顧客

如果是數位行銷，會依照顧客登錄的資料，透過社群網站或電子郵件等廣告把自家公司的商品介紹寄給顧客。但是不同於以不特定多數為對象，傳統主流媒體廣告亂槍打鳥地發送訊息的方式，反而會自行限縮了可以發送訊息的數量。

假設想根據入口網站的數據販售中年女性用的化妝品，可以預期購買者將以女性佔大多數，這時就算發送訊息給男性也無法帶來收益。以及，依年紀分類也很重要。從配色到價格等觀點出發，如果想賣給30～60歲的年齡層，就必須只鎖定年紀在此範圍內的人。

即使符合性別或年紀的條件，原本就不感興趣的人也不可能成為產品的消費者。如果能了解顧客的喜好或感興趣的對象，就能正確地發送有效的廣告；發送廣告給沒興趣的人，對方不只不會看，可能還會感到困擾，導致企業

或商品形象惡化。因此，鎖定目標對象、傳送訊息給可能會購買的顧客，這樣不僅能提升收益，也能作為預防造成反效果的措施。

另一方面，收到廣告的顧客即使沒買，也能提升顧客對廣告的點擊率、訪問網站的機會，使其邁入下一個階段。

一旦能夠鎖定顧客，接下來就能把購物網站的資料加到入口網站的顧客資料裡。購物網站除了顧客購買商品的紀錄之外，還保留著顧客先加進購物車但尚未購買的商品、瀏覽紀錄等痕跡。以剛才的化妝品為例，假設有口紅或粉底的購買紀錄，整組商品卻只有放進購物車裡而沒有下單，但從瀏覽紀錄可以看出顧客對專攻斑點或小細紋的商品也有興趣。這時，只要能傳遞符合其需求的商品廣告給對方，就能加速還在猶豫的顧客做出決定，增加創造收益的可能性。仔細地過濾顧客資料，發送最恰當的內容給個別消費者，即所謂的「個人化行銷」。

提供最適合對方的內容有助於提高廣告效果

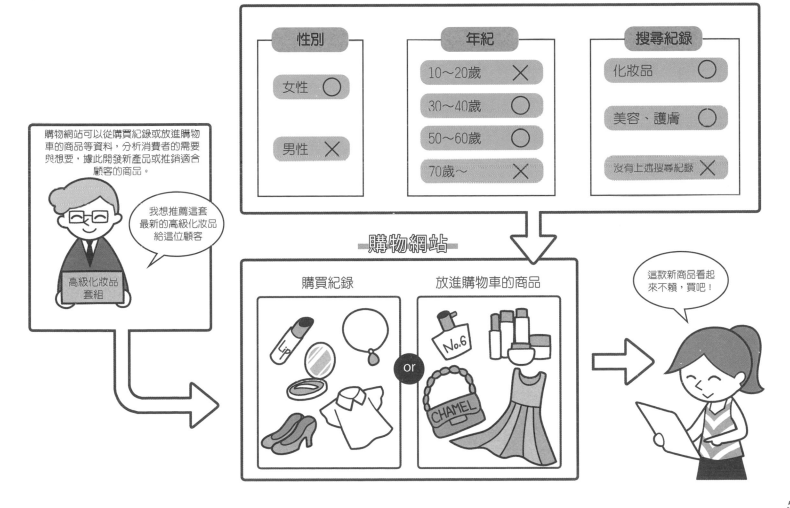

09 網路消費的兩大框架

所謂數位行銷，必須理解消費者利用網路的行為模式。除了用於傳統行銷分析的AIDMA以外，網路時代特有的框架AISAS也是很有名的方法。

▶▶▶ AIDMA 與 AISAS 的差異

1920年代，美國的山姆‧羅蘭‧霍爾（1876～1942年）提倡一種名叫AIDMA的消費者行為模式。這是指消費者經由Attention（引起注意）、Interest（產生興趣）、Desire（激起欲求）、Memory（強化記憶）、Action（採取行動）的過程到最後買下商品的行為，各取英文首字母，稱為「AIDMA」的思考邏輯。這種模式是先利用廣告或報導等方式，讓消費者注意到商品，再透過讓消費者接觸到訊息，進而讓消費者對商品感興趣。

AISAS則是讓AIDMA的模式更貼近網路時代的方法。被日本電通集團註冊商標的AISAS，在Attention（引起注意）、Interest（產生興趣）後面加入了Search（搜尋），在Action（採取行動）後面加入了Share（分享）。雖然「引起注意」、「產生興趣」之前的流程與AIDMA相同，但是在網路的世界裡，消費者能輕易地搜尋到商品，因此能即時判斷自己是否需要那項產品。消費者也會利用社群網站，與其他消費者分享購入該商品的心得。可見Share與Search這兩個過程將大大地左右已經注意到該商品、且對商品感興趣的消費者去行動，所以必須重新審視傳統的購買流程。

▶▶▶ 口耳相傳的情報具有巨大影響力

經由社群網站口耳相傳的情報，是消費者對商品性能、信用及評價的指標，會影響到消費者的購買欲望。無論再怎麼想要那件商品，倘若看到口耳相傳的情報後，覺得不符合自己的需求，消費者就不會下單購買。AIDMA與AISAS最大的不同就在於，消費者採取行動＝消費者購買後的動向，能不能對此提出因應的對策，將是行銷的成敗關鍵。

此外，還有一種基於消費者在社群網站上的意識變化而誕生的新理論SIPS。SIPS是將消費者行為分成Sympathize（共鳴）、Identify（認同）、Participate（參與）、Share & Spread（分享及推廣）等四大要素。

從AIDMA到AISAS的法則

10 數位時代的最新行為模式AISARE

為了建立穩定的行銷，光靠暫時性的顧客是不夠的。比起開發新顧客，必須要有更重視培養能持續買進商品的忠誠顧客，且願意將自家公司的商品推薦給親朋好友的商業模式。

▶▶▶順應網路環境的行為模式

從20世紀延續至今的AIDMA、隨著社群網站的普及而誕生的AISAS等消費者行為模式，有助於掌握消費者從注意到商品至購買、乃至於分享之間的過程，但有個問題是，無法再創造出更進一步的商機。

AISARE看似與AIDMA或AISAS大同小異，但目的截然不同。Attention（引起注意）、Interest（產生興趣）仍承襲著傳統的消費者行為模式，Search（搜尋）、Action（採取行動）也跟AISAS一樣，但接下來的Repeat（重複）就不同了。這個過程，是以培養出願意重複購買同一款商品或同一家公司新產品的「回頭客」為目標。

相較於過去以販賣商品或提高風評為目標的行銷方式，培養願意持續購買商品的顧客有助於獲得穩定的收益。一般來說，爭取新顧客的成本是維持既有顧客的五倍。藉由培養回頭客，有助於提升每位顧客一輩子花在這家公司或這項商品上的金額，這種顧客終身價值（Life Time Value＝LTV）將變得愈來愈重要。

▶▶▶爭取傳教士

最後是Evangelist（傳教士）。這是指消費者主動喜歡商品，願意為推廣該商品主動進行口碑行銷，亦即培養出該商品的狂熱粉絲。只要回頭客能變成傳教士，每次購買商品時，這些人都會以極高的評價推薦給周遭的人，因此能讓在社群網站上看到這些訊息的消費者注意到該商品，或對該商品產生興趣；搜尋情報時，若看到較高的評價也會促使他們決定購買，從而培養出新的回頭客，甚至讓他們變成傳教士。如果企業反過來以獲得傳教士為目的，在此心態下去行銷自家公司的商品或服務，保證能得到相當可觀的收益。

最新的消費者行為模式「AISARE」

11 帶來數位行銷成果的三步驟

一看到「數位行銷」這個詞彙,似乎很多人都以為把所有的商業行為全放到網路上就結束了。實際上,為了做出成果,還必須展開許多與線下活動有關的實體活動才行。

KEY WORD 吸引顧客、培養顧客、洽談與追蹤顧客

▶▶▶ 步驟①:吸引顧客

第一步是讓顧客注意到自家公司商品或服務的「吸引顧客」活動。最近的網路廣告除了具有出稿時能指定與目標客層屬性(性別、年齡、興趣嗜好等)相近的使用者,還能透過點擊橫幅廣告的次數等數據,得知使用者對廣告的反應等優點。不僅如此,還能結合報章雜誌的廣告、廣告信(電子郵件)、發表會等線下活動,把更多「有購買欲望的客人」吸引進自家公司的網站。

▶▶▶ 步驟②:培養顧客

吸引到顧客之後,就要進入「培養顧客」的步驟,讓他們更深入地了解商品或服務的內容。除了讓顧客訂閱自家公司的電子報或追蹤社群網站的官方帳號,藉此提供顧客最新的資訊,還要把可以解決問題的參考資料整理成解

說,向顧客強調自家公司的商品、服務的價值。甚至,也可以招待顧客參加線下的座談會或免費講座,加深顧客對自家商品服務的認知度。

▶▶▶ 步驟③:洽談與追蹤顧客

順利地培養出顧客後,接下來終於要進入「洽談與追蹤顧客」的步驟。除了利用線下活動寄資料給顧客以外,還能派業務員直接與顧客面談,促使顧客簽約。洽談與追蹤顧客的線下活動也很重要,近年來,利用網路上的視訊座談會或從中得到的數據也是個好方法。只要對具體的合約內容或條件討論出共識,就能順利簽約。萬一交易不成立,也能分析問題出在三步驟的哪一階段,找出自家公司的行銷活動需要改進之處。努力針對下一次的交易摸索出解決方案,力圖營業收入最大化,這可以說是數位行銷最理想的狀態。

數位行銷的三步驟

❶集客活動

線上

- 網路廣告
- 官方網站
- 入口網站

製造讓顧客注意到自家公司推出的商品、服務之契機。

吸引到官方網站

線下

- 電視、廣播廣告
- 報紙、雜誌廣告
- 廣告信（電子郵件）
- 發表會

讓世人都知道自家公司推出的商品、服務，把人吸引到官方網站。

❷培養顧客

線上

- 電子報
- 社群網站、線上講座
- 白皮書
- 自媒體

藉由隨時提供最新的資訊，來加強顧客的購買欲望。

線下

- 座談會　　透過口頭說明，向顧客傳遞更正確的資訊。

❸洽談與追蹤顧客

線上

- 解說商品、服務的線上講座或影片

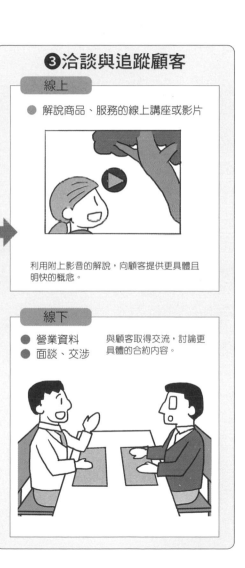

利用附上影音的解說，向顧客提供更具體且明快的概念。

線下

- 營業資料
- 面談、交涉

與顧客取得交流，討論更具體的合約內容。

12 網路行銷不可或缺的SEO策略

數位行銷中，增加官方網站的點閱率是非常重要的任務。因此，必須讓官網出現在網路搜尋結果的前面，而SEO策略有助於實現這個需求。

KEY WORD ▷ SEO

▶▶▶何謂數位行銷的SEO？

SEO是「Search Engine Optimization」的縮寫，翻譯成中文是「搜尋引擎優化」。再說得簡單扼要一點，是對網站的製作下點工夫，讓自家公司的商品網站出現在Google或Yahoo!搜尋結果的上方。

出現在搜尋結果愈前面，就有愈多機會被人看到，因此只要巧妙地利用SEO，就能拓展以網站為起點的商機。世界上存在著五花八門的搜尋引擎，國內 (注1) 幾乎由Google吃掉整個市場，因此可以直接把SEO視為Google的搜尋策略。

▶▶▶SEO的優缺點

SEO策略始於網站的設計，也終於網站的設計，因此具有成本低於一般廣告的優點。另外，這種方式能吸引到願意主動搜尋的使用者，因此有很高的機率能直接看到成果這點也很吸引人。不僅如此，當網站出現在搜尋結果的上方，也能期待有更高的品牌效應。但另一方面，SEO策略的時效性較低，從實施到見效需要一點時間發酵。如果是兵家必爭的關鍵字，就很難出現在搜尋結果上方。此外，順位可能也會因搜尋引擎的更新或演算法的變更而受影響。

▶▶▶什麼樣的SEO策略比較具體有效呢？

為了出現在搜尋結果的上方欄位，關鍵在於要配合使用者的需求，改善自家公司的網站。因此Google提供的「搜尋引擎優化入門指南」就成了很重要的參考依據。細節如下一頁所示，內容主要是為網站取一個容易被搜尋引擎或使用者找到的名字或標籤、提升網站內容的品質等等，皆有助於提高網站的搜尋順位。

SEO策略的六大要素

Google主動提供對公司內外公開的「搜尋引擎優化入門指南」，協助企業製作對使用者及搜尋引擎雙方都更友善的網站。SEO 可以大致區分為六個基本要素，只要實踐這些要素，就能製作出更容易被看見的網站。

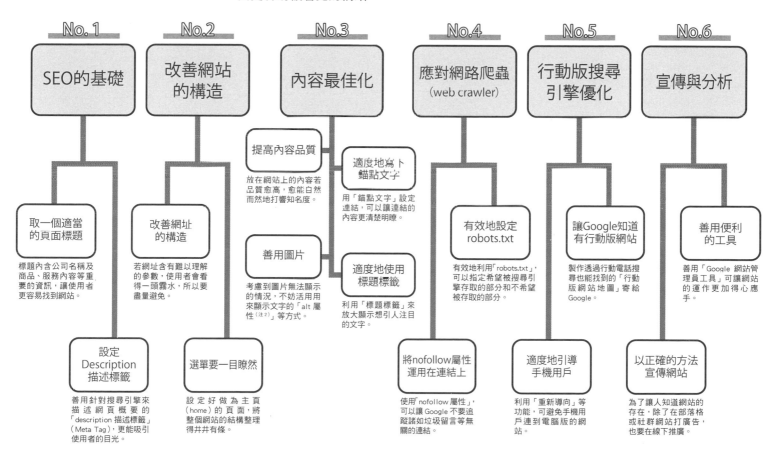

No.1
SEO的基礎

取一個適當的頁面標題

標題內含公司名稱及商品、服務內容等重要的資訊，讓使用者更容易找到網站。

設定Description描述標籤

善用針對搜尋引擎來描述網頁概要的「description 描述標籤」（Meta Tag），更能吸引使用者的目光。

No.2
改善網站的構造

改善網址的構造

若網址含有難以理解的參數，使用者會看得一頭霧水，所以要盡量避免。

選單要一目瞭然

設定好做為主頁（home）的頁面，將整個網站的結構整理得井井有條。

No.3
內容最佳化

提高內容品質

放在網站上的內容若品質愈高，愈能自然而然地打響知名度。

善用圖片

考慮到圖片無法顯示的情況，不妨活用來顯示文字的「alt 屬性(注2)」等方式。

適度地為　　錨點文字

用「錨點文字」設定連結，可以讓連結的內容更清楚明瞭。

適度地使用標題標籤

利用「標題標籤」來放大顯示想引人注目的文字。

No.4
應對網路爬蟲（web crawler）

有效地設定robots.txt

有效地利用「robots.txt」，可以指定希望被搜尋引擎取取的部分和不希望被存取的部分。

將nofollow屬性運用在連結上

使用「nofollow 屬性」，可以讓 Google 不要追蹤諸如垃圾留言等無關的連結。

No.5
行動版搜尋引擎優化

讓Google知道有行動版網站

製作透過行動電話搜尋也能找到的「行動版網站地圖」寄給Google。

適度地引導手機用戶

利用「重新導向」等功能，可避免手機用戶連到電腦版的網站。

No.6
宣傳與分析

善用便利的工具

善用「Google 網站管理員工具」可讓網站的運作更加得心應手。

以正確的方法宣傳網站

為了讓人知道網站的存在，除了在部落格或社群網站打廣告，也要在線下推廣。

---

1 編注：此指日本國內。
2 編注：即網站內圖片的替代文字，用一句話來描述圖片中的內容，可用來幫助搜尋引擎了解圖片的內容，因為搜尋引擎只能讀取文字。

示意圖：有效的SEO策略將為數位行銷造成何種影響

大型電商網站、知名大學網站等

從SEO的角度來思考，網站具有彼此信賴的關係。如果是內容十分充實的大型網站，經常被反向連結，也能得到搜尋引擎極高的評價。只要能從這種受到高度信賴的網站連出去，也能提升被連結的網站形象。另一方面，內容空洞的網站很少被反向連結，搜尋引擎給的評價也不高。此外，利用「黑帽SEO」的作弊行為、對反向連結灌水的低品質網站，也會被排除在搜尋結果之外。

一般網站

一般網站

一般網站

一般網站

連結

連結

連結

連結

名人的個人網站等

信賴度：中

Google等搜尋引擎

評價網站的各要素，決定呈現在搜尋結果之順位

連結

連結

連結

連結

信賴度：最高

互相連結

低

其他

重要度

AI 的評價

反向連結

內容

高

被評價的要素

自家公司網站

連結

一般網站

連結

連結

連結

藉由增加來自大型網站的反向連結以提升信賴度！！

連結

連結

一般網站

信賴度：高

不僅能提升網站的風評，還能增加點閱量

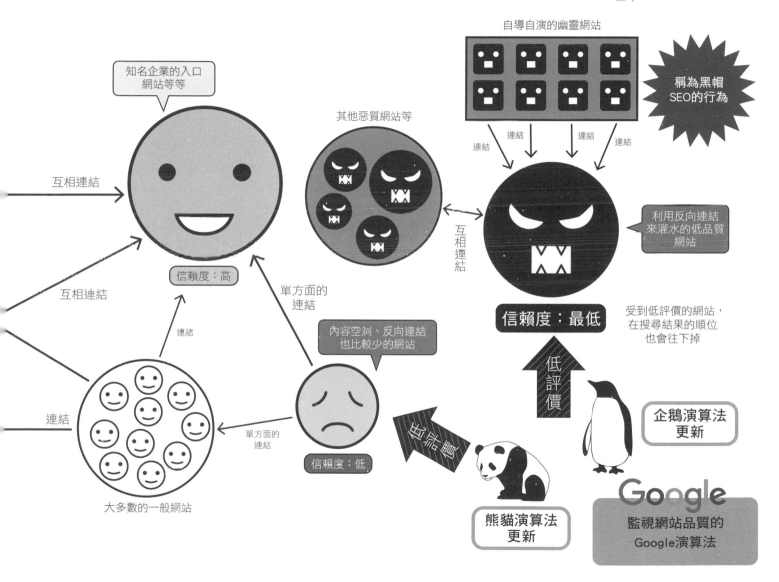

自導自演的幽靈網站

稱為黑帽SEO的行為

知名企業的入口網站等等

其他惡質網站等

互相連結

連結 連結 連結 連結

利用反向連結來灌水的低品質網站

信賴度：高

互相連結

互相連結

互相連結

單方面的連結

連結

信賴度：最低

受到低評價的網站，在搜尋結果的順位也會往下掉

內容空洞、反向連結也比較少的網站

低評價

單方面的連結

信賴度：低

降站順

企鵝演算法更新

大多數的一般網站

熊貓演算法更新

Google
監視網站品質的
Google演算法

13 確認自家公司在市場上的定位

打算推行有效的行銷時，掌握自家公司在整個市場上有多少佔有率也很重要。但佔有率不只是單純的市場佔有率，也要站在顧客的觀點，從各種不同的角度思考。

KEY WORD 市場佔有率、心智佔有率、心靈佔有率、時間佔有率、錢包（口袋）佔有率

▶▶▶無法用市場佔有率衡量的佔有率

在經營行銷顧問公司的艾爾・賴茲（1926年～）與傑克・屈特（1935～2017年）共著的《定位：在眾聲喧嘩的市場裡，進駐消費者心靈的最佳方法》（*Positioning:The Battle for Your Mind*）一書中提到「企業應該配合各自的定位來選擇策略」。那麼，該如何確認上述的「定位」呢？

一般來說，「市佔率」是指各家企業之營業額佔整個市場的比例，將其數字化之後的結果，亦即所謂的市場佔有率。

依照市場佔有率的多寡，將所有的企業分成「市場領導者」、「市場挑戰者」、「市場追隨者」、「市場利基者」等四種定位（詳情請見p.66的解說）。

此外，近年來隨著個人的喜好漸趨多元，不止是單純的市場佔有率，也要考慮到下列基於顧客對商品觀感所產生的佔有率。

●心智佔有率

消費者打算買進某特定類型的商品時，會聯想到自家品牌的比例。又稱爲顧客認知度。

●心靈佔有率

亦即所謂的好感度，指的是消費者打算買進某特定類型的商品時，想買進自家品牌的比例。

●時間佔有率

消費者在可以自由運用的時間裡，願意花在自家公司的商品或服務上的時間比例。

●錢包（口袋）佔有率

消費者願意花在自家公司的商品或服務上的金額，佔其總預算的比例。

產業定位的分類

市場追隨者

缺乏經營資源、三流以下的企業。模仿龍頭企業建立的手法，採取獲利較少、但風險也較低的「策略性模仿」。

市場利基者

擁有特殊的技術或行銷通路的小規模企業。鎖定龍頭企業沒有涵蓋到的特殊利基市場，力求以「利基策略」在市場上活下去。

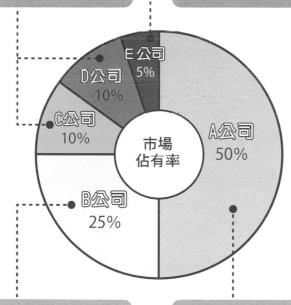

市場佔有率

E公司 5%
D公司 10%
C公司 10%
A公司 50%
B公司 25%

市場挑戰者

業界第二大的企業。以尋找市場領導者的漏洞、吸收比自己更弱小的企業等方式，力求提升地位的「進攻策略」。

市場領導者

業界第一把交椅的企業。一面維持市場佔有率，可以的話會以擴大市佔率為目標的「防守型策略」。

市場佔有率的詳細分析

心智佔有率

能不能讓消費者知道自家公司的商品或服務。

心靈佔有率

讓消費者認識到自己的存在後，能不能讓消費者喜歡上自家公司的商品或服務。

時間佔有率

自家公司的商品或服務有沒有讓消費者花時間的價值。

錢包（口袋）佔有率

自家公司的商品或服務有沒有讓消費者花錢的價值。

Chapter 3

如何打造讓企業價值最大化的行銷策略

並非所有的企業都能靠同一套行銷策略成功。

以下為各位解說，如何打造能讓自家公司的企業價值最大化的行銷策略。

01 行銷策略依市場定位而異

當企業決定採取行銷策略時，一定要搞清楚自家公司在業界的定位。目標及方針會隨自己在市場上的定位不時變動，應選擇的策略也隨之而異。

KEY WORD ▶ 市場領導者、市場挑戰者、市場追隨者、市場利基者

▶▶▶分成四種定位

若不清楚自家公司在市場上的位置，就無法視狀況擬定正確的策略。如同在p.62提到的，業界的定位大致可以分成四大族群，請配合各自的定位，擬定①目標、②方針、③4P策略等等，再進行行銷活動。

最上層的定位是稱為「市場領導者」的企業。顧名思義，這些企業佔有業界最大的市佔率。他們首要的目標和方針是擴大市場，得到比現在更大的佔有率，其次才是維持市佔率第一的地位。他們一面擴張市佔率，一面保持現在的市場地位，其4P策略則是全線生產、提高定價、利用全方位的通路積極地進行宣傳活動，採取積極的對策。

「市場挑戰者」則相當於第二把交椅。站在追隨市場領導者的立場上，但也能選擇避開風險，搶奪市場定位不如自己的族群市佔率。他們首要的目標是挑戰市場領導

者的地位，其次是搶奪與自己同定位之市場挑戰者的市佔率，再來是降格成為下層族群的市場追隨者。其行銷方針或4P策略是努力與其他公司的商品或服務做出差異化，是市場挑戰者的特徵。

第三層族群是「市場追隨者」。這個定位是在對上層族群的進出保持警戒的同時，爭取市場佔有率，而其目標是能將公司存續下去。因此這類公司的方針為低成本、低價格的薄利多銷路線，4P策略也以模仿領導品牌的商品等降低成本的方式為主。

第四種族群是市場利基者。這是放棄大市場、鎖定在小市場以搶下最大佔有率的定位，優勢在於遠離搶奪市場佔有率的競爭。不過，可能會有利基衰退、陷入困境的風險，因此最好同時進軍好幾個市場。這類公司的目標是提升穩定市場的收益率。4P策略基本上採集中深入、自成一格的營運方式。

看清自家公司的定位

市場領導者

市場佔有率為業界第一的企業。為了守住龍頭地位，必須時刻提醒自己處於被追趕的立場。

市場挑戰者

瞄準業界龍頭的寶座，業界第二人的企業。為了成功搶下第一的地位，有時會與追隨者的企業合作或讓追隨者歸順自己。

市場追隨者

模仿、追隨上層的企業，業界第三大以下的企業。傾向於徹底維持現狀，以免讓上層的企業盯上自己。

市場利基者

放棄與上層企業競爭，在利基領域或靠技術活躍的企業。事業規模較小，但從另一方面來看，通常能得到忠誠的顧客支持。

02 用「PPM」來思考資金的分配

對於提供不止一項業務、商品或服務的企業而言，為發展和維持自家公司的運作，有限的資金分配也不容許失敗。這時PPM分析便有助於理解自家公司的狀況，以市場佔有率與成長率為軸心，藉由「可視化」來對問題點進行分類。

KEY WORD ▶ PPM

▶▶▶ 將營業狀況分成四等分

產品組合管理（Product Portfolio Management＝PPM）是由波士頓顧問團隊所提倡的經營理論。

首先，以「市場成長率」為縱軸、以「市場佔有率」為橫軸，製作成矩陣。四個象限分別是「成長率高＆佔有率高」（**明星事業**）、「成長率低＆佔有率高」（金牛事業）、「成長率高＆佔有率低」（**問題事業**）、「成長率低＆佔有率低」（落水狗事業），用以表示四種定位。藉由將各自的事業內容放進四個象限裡，就能了解每一種商品、業務或服務的哪個部分具有投資價值，或者判斷應該撤退還是棒打出頭鳥等等。

如果是「成長率高＆佔有率高」的族群，在獲利率高的背後，前期投資等成本多半也很高。因此若能繼續維持佔有率，就能成為「金牛事業」，可是一旦失去佔有率，

也可能淪落為「問題事業」，所以投資時務必要留意。至於「成長率低＆佔有率高」的族群，因為已經收回初期投資的成本，能預期有長期的穩定收益，可以說是所有族群的終極目標，也因為是企業經營的軸心，今後也必須從事維持現狀的投資。

「成長率高＆佔有率低」的族群，其問題在於市場佔有率太低。因為市場成長率還有提升的空間，看是要為擴大佔有率進行各種投資、以進入「明星事業」為目標，還是被迫退出市場。「成長率低＆佔有率低」的族群則有不花成本的一面，能否克服低佔有率將是決定投資還是要撤退的判斷標準。投資＝高成本，因此一定有風險。但如果「問題事業」和「落水狗事業」這兩大族群有什麼跟「明星事業」或「金牛事業」維持佔有率重疊的部分，最好慎重地檢討是否要從市場上撤退。

用PPM分析來分配事業資金

明星事業（Star）

成長率、佔有率皆
保持第一的事業。
但通常需要很多前
期投資。

高

市場成長率

問題事業（Problem child）

市場成長率雖高，但要花很多費用
維持，或者是佔有率低但利潤也低
的事業。

高 ← 市場佔有率 → 低

金牛事業（Cash cow）

市場成長率較低，但佔
有率相對穩定、獲利率
也很高的事業。

落水狗事業（Dog）

成本雖低，但成長率及佔有率也低，
最好思考是否要撤退的事業。

低

03 以「創新擴散理論」作為普及率的參考依據

新產品或新技術投入市場時，創新擴散理論是用來分析普及過程的方法。以稱為創新者（Innovaters）的客層出發，分析往五種客層擴散的模樣，而問題往往出在第二層與第三層之間的「鴻溝」。

KEY WORD 創新擴散理論、鴻溝

▶▶▶阻礙新產品普及的鴻溝

美國經濟學家埃弗雷特·羅傑斯（1931～2004年）提出藉由「創新擴散理論」（Diffusion of Innovation Theory），可以理解新商品或服務登場時將如何普及。首先將顧客分成創新者、初期採用者、早期大眾、晚期大眾、落後者等五種客層，以鐘形曲線的圖表來呈現其比例。

第一層的**創新者**是指擁有2.5%的市場佔有率，喜歡新玩意兒的重度使用者。第二層的**初期採用者**（**Early Adopters**）則是有13.5%的市場佔有率，對流行相對敏感的顧客，基於從創新者那裡得到的訊息決定要不要購買。以上加起來共16%的客層被稱為初期市場，而能否更進一步地擴大市佔率，將是商品能否普及的分歧點。這個門檻被稱為鴻溝（Chasm），如果卡在這裡，可能會發生市佔率被新登場的商品搶走等問題，好不容易開發出來的新商品也

無法普及。相反地，如果能順利跨越鴻溝、進入下一個客層，就能提高產品大賣的可能性。

第三個客層為**早期大眾**（**Early Majority**），他們對購買新產品表現出慎重的態度，但仍屬於較早決定買進的客層，佔全體的34%，又稱「橋梁」（Bridge People），是帶動新產品普及很重要的存在。

早期大眾之後稱為主流市場，是企業理想中希望能滲透到整個市場的階段。接著是第四個客層，也就是**晚期大眾**（**Late Majority**）。這一客層的特色是對買進新產品的態度消極，但是看到早期大眾的使用狀況，想一想必要性後，還是決定購買的人。佔全體的34%，與早期大眾並列為主要使用者。

第五個客層為**落後者**（**Laggards**），對購買新產品極為被動，也不管普及率，往往拖到最後一秒才買，有時甚至始終不買，佔全體的16%。

克服鴻溝是成功的關鍵

創新者
2.5%

初期採用者
13.5%

鴻溝（Chasm）

早期大眾
34%

這個真不錯！

晚期大眾
34%

主流市場

普及率16%是擴大佔有率的門檻！

初期市場

普及率

落後者
16%

04 所有的商品都有「產品生命週期」

如同人類有少年期、青年期、熟年期、高齡期等生命週期，產品從上市到下市的期間也有各種過程，在行銷上稱之為「產品生命週期」。

KEY WORD ▶ 產品生命週期

▶ ▶ ▶ 產品生命週期分成四種

產品的壽命比人類短暫，往往再暢銷的商品也只有三年左右的壽命。即使在這麼短的「人生」中，產品也有走上坡和走下坡的時期。

正確地預測短期內發生的變化＝「產品生命週期」，配合各階段的變化並採取對策可以說是行銷的重點。

那麼，接下來將帶大家看產品的誕生與產品具有哪些具體的生命週期。

首先是產品完成後，在市場上流通的「導入期」。這個時期幾乎所有的產品都還沒有被消費者認知，因此營業收入不高，但是花在促銷上的成本卻很高。換句話說，這是很容易虧損的時期。

但也不能因此就不做廣告，如果消費者不知道產品的存在，原本賣得出去的東西也會變成賣不出去。因此導入期也可說是忍辱負重的階段。

接著，產品就會進入「成長期」，隨著消費者對有吸引力的商品認知度愈高，營業收入也會等比例成長，開始轉虧為盈。

另一方面，這也是競爭對手可能開始販賣類似商品的時期，因此要加強促銷，視情況還得開始思考改良商品的必要性。

▶ ▶ ▶ 沒有對策會加速走向「終點」！

再來的「成熟期」是產品生命週期中最長的階段，營業收入居高不下，獲利也很穩定，但遲早會慢慢減少。成熟期也是顧客考慮汰舊換新的時期，必須加快推出新產品的腳步，如果能強調產品有什麼新穎的魅力，或許能延長這段期間。

最後是「衰退期」，受到消費者的喜好改變或因為與其他公司競爭導致供過於求的影響，營業收入與獲利持續衰退。企業在這段時期必須判斷是要降低成本，例如削減促銷或人事費用以繼續販賣，還是乾脆重新導入新商品。

產品生命週期

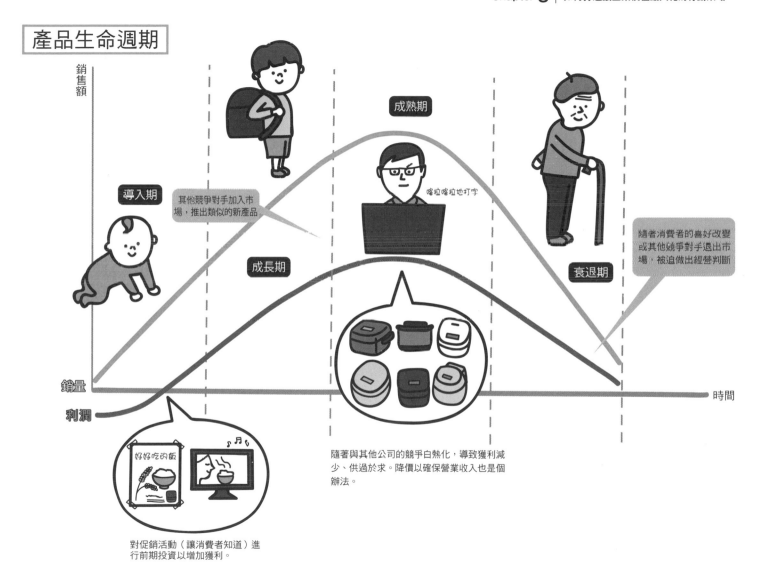

銷售額

成熟期

導入期

其他競爭對手加入市場,推出類似的新產品

喀啦喀啦地打字

成長期

隨著消費者的喜好改變或其他競爭對手退出市場,被迫做出經營判斷

衰退期

銷量

利潤

好好吃的飯

隨著與其他公司的競爭白熱化,導致獲利減少、供過於求。降價以確保營業收入也是個辦法。

對促銷活動(讓消費者知道)進行前期投資以增加獲利。

時間

05 選擇競爭激烈的市場？還是不激烈的市場？

有很多競爭對手的市場看起來活絡，但是如果沒有能與其他公司做出差異化的策略或武器，就難以成功。另一方面，競爭對手較少的市場，競爭也較少，但同時也必須自行炒熱市場，需要創意與努力。

KEY WORD ▶ 紅海、藍海

▶▶▶商業活動的世界是一片「汪洋大海」！

在經營策略上，有很多競爭對手的市場被稱爲「紅海」（Red Ocean）。這是源自於大航海時代，各國的船隻爲了爭奪汪洋大海的主霸權，流了很多鮮血、染紅大海的史實而來的比喻手法。

有很多競爭對手的市場，需求也比較高。因此，若只是要進入市場，門檻並不高，但是後來才加入市場的企業必須擁有不同於其他公司的附加價值，才能做出一番成績來。換句話說，爲了在市場上活下去，必須付出打落牙齒和血吞的努力。

另一方面，競爭對手較少的市場稱爲「藍海」（Blue Ocean），亦即比較有機會成功的市場。

如果能成功搶下藍海市場，就能獲得莫大的利益，以此爲目標的策略即爲歐洲商業管理學院教授金偉燦（1951年～）與芮妮‧莫伯尼（1963年～）提倡的藍海策略。

爲了成功地執行藍海策略，必須提供具有高度原創性的商品或服務。這點很不容易，但比起在紅海裡掙扎有利多了；一旦成功，就連稱霸該市場也不是夢，因此有不少企業皆以開拓藍海爲目標。

▶▶▶如何實施藍海策略

「策略藍圖」是藍海的有效工具。這是包含相同業種的紅海在內的分析工具，以「顧客眼中的價值」爲縱軸、「各家公司爲了爭取顧客所推行的事業」爲橫軸，製作成矩陣。

藉由分析屬於紅海的其他公司的策略，得以採取與其他公司完全不同的差異化策略。廉價航空（LCC）及太陽馬戲團、QB House皆爲採取這個策略成功的案例；UNIQLO優衣庫的「HEATTECH發熱衣」也是其中之一，其以追求過去衣服不曾有過的性能與低價格而大獲成功。而且UNIQLO從製造到物流、販賣皆由自家公司一手搞定（SPA），因此也帶來龐大的利益。

策略依有沒有競爭對手而異

以漢堡連鎖店為例

船帆上的單字為各連鎖店的武器＝特徵

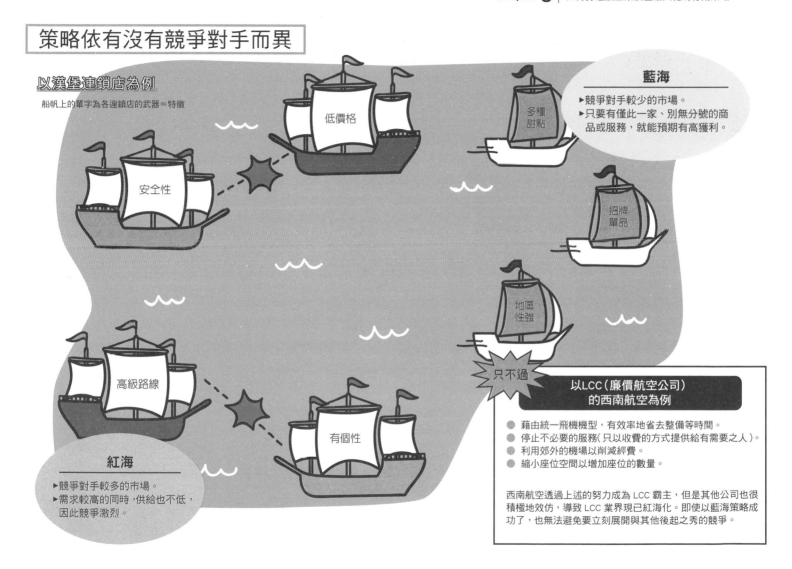

藍海

▶競爭對手較少的市場。

▶只要有僅此一家、別無分號的商品或服務，就能預期有高獲利。

多種甜點

招牌單品

地區性強

低價格

安全性

只不過

以LCC（廉價航空公司）的西南航空為例

● 藉由統一飛機機型，有效率地省去整備等時間。

● 停止不必要的服務（只以收費的方式提供給有需要之人）。

● 利用郊外的機場以削減經費。

● 縮小座位空間以增加座位的數量。

西南航空透過上述的努力成為 LCC 霸主，但是其他公司也很積極地效仿，導致 LCC 業界現已紅海化。即使以藍海策略成功了，也無法避免要立刻展開與其他後起之秀的競爭。

高級路線

有個性

紅海

▶競爭對手較多的市場。

▶需求較高的同時，供給也不低，因此競爭激烈。

06 GAFA的「平台策略®」

商業業界及科技業界經常用到「平台」這個名詞。這不是指上下車的月台，而是做生意的「場合」之意。以下將介紹使用到這個名詞的策略。

▶▶▶SC是現實社會的平台

平台策略是指「把幾個彼此有關係的族群放在同一平台上，產生外部連結的效果，跳脫單一企業的框架，打造新事業的生態系」的經營策略，同時也是NetStrategy股份有限公司的註冊商標。

購物中心（SC），便是集結了好幾種不同的店舖，是坊間有效推行商業策略的代表性平台。只要在人來人往的土地、有停車場的郊外興建購物中心，事業主體（平台主）就能得到與營業收入連動的租金及顧客資料。

另一方面，對商家而言，在購物中心開店也有很大的好處。去別家店消費的客人也會順便順道進店瀏覽，接著可能看上商品，進而衝動購買。

對消費者而言，購物中心可以省去長途跋涉的辛勞，有效率地逛遍各種不同的店面。不僅如此，因為林立著同一種業態的零售店，也會產生競爭效應，商品價格通常比較便宜。因此，購物中心能同時滿足平台主、店家、消費者的案例屢見不鮮。

▶▶▶全球四大科技企業「GAFA」

Google、Apple、Facebook、Amazon這四家科技公司，目前皆已成長為足以對世界經濟造成巨大影響的全球化企業，取四家各自的英文首字母，統稱為GAFA。

這四家公司是平台的代表企業，透過網路的服務來蒐集全世界龐大的使用者資訊。日本企業裡以樂天最為有名。

平台策略的概念是「不是每個人賺一億日圓（編注：約兩千多萬台幣），而是十個人賺一百億日圓，讓每個人的獲利增加到十倍」。藉由與眾多企業組成聯盟，發揮槓桿效應，建立起共榮共存的商業模式。

如果要創業，思考進駐購物中心，還是加入網路上的平台也是策略之一，因此必須有預期每個月都要花不少費用，諸如店租或手續費等等。

▶ ▶ ▶ 挑戰數位行銷

當然，也可以考慮自行架設平台。數位行銷稱其為「自媒體」。最先可以想到的便是公司的官方網站。

會看公司網站的人，基本上都是對該企業感興趣的人，因此又稱為「企業網站」。知名度雖然低，但如果是從事社會公益的企業，企業網站扮演的角色相當重要。

對企業而言，最重要的莫過於「廣告網站」，這是以說明特定商品或服務為目的的網站。還有「電子商務網站」，也就是所謂的網路商店，從網頁就可以輕鬆買到商品的機制至關重要。

這種搜尋想買的商品、點擊滑鼠就能完成交易的系統，稱為EC（電子商務），GAFA其中之一的Amazon在該領域中是全球最大的企業。

此外，有些廠商還會設置「媒體網站」、「登陸頁面」等，讓消費者不但能一次性地購買到商品，之後還能繼續得到企業的服務。

▶ ▶ ▶ 將社群網站運用於數位行銷

除了這些利用網站的手法，現在將社群網站運用於數位行銷也是時勢所趨。除了上述GAFA中的Facebook、Instagram外，也能在Twitter等擁有許多使用者的社群網站平台上宣傳自家公司的商品，藉由讓人轉發（分享意見）或追蹤，以期獲得相當大的宣傳效果。有時短短時間內就能讓上萬人看見消息。

諸如此類善用社群網站平台的數位行銷，預期今後也將會帶來相當大的成效。

建立平台的九個步驟

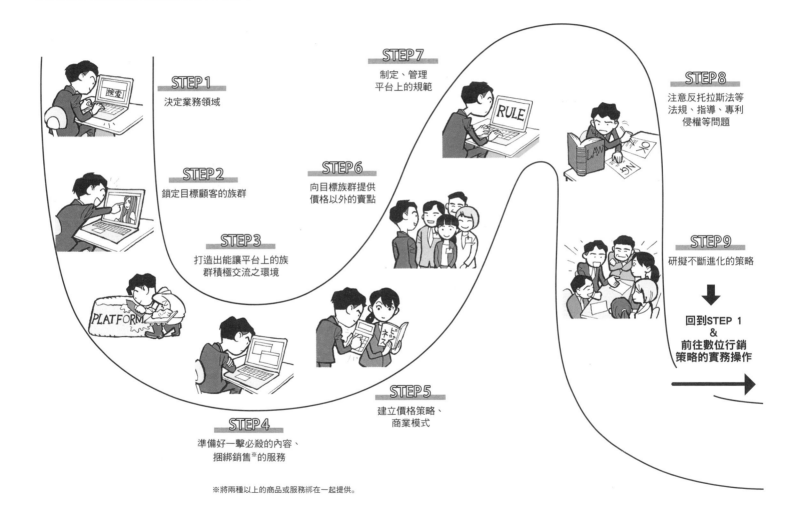

STEP 1
決定業務領域

STEP 2
鎖定目標顧客的族群

STEP 3
打造出能讓平台上的族群積極交流之環境

STEP 4
準備好一擊必殺的內容、捆綁銷售※的服務

STEP 5
建立價格策略、商業模式

STEP 6
向目標族群提供價格以外的賣點

STEP 7
制定、管理平台上的規範

STEP 8
注意反托拉斯法等法規、指導、專利侵權等問題

STEP 9
研擬不斷進化的策略

↓

回到STEP 1
&
前往數位行銷策略的實務操作

→

※將兩種以上的商品或服務綁在一起提供。

配合目的架設網站

網站必須配合目的來製作喔

也得考慮到設計呢

❶ 企業網站

以介紹公司為目的,通常是很美觀的網站。

敝公司長這樣喔——

❷ 宣傳網站

以介紹特定商品或服務為目的,通常是有很多圖片的網站。

介紹網站限定的服務!

期間限定!

現在買很划算

❸ 電子商務網站

即網路商店。讓使用者看到商品的真實照片,並且能輕鬆地放進購物車裡下單。

點這裡!

❹ 媒體網站　即新聞網站與自媒體。

新聞網站以收費報導或廣告收益為目的。

自媒體可以用來宣傳自家公司的商品等。

這是最好的

❺ 登陸頁面

以銷售特定商品、簽約為目的。有助於轉換消費者的購物習慣。

每天喝一杯就能維持健康

入手!(半年份)

番外篇

利用社群網站

我使用了A公司的商品

讚! ➡ 宣傳

轉發 ➡ 宣傳

宣傳 宣傳 宣傳

順利的話,短時間就能讓訊息大範圍傳播出去。

07 放長線釣大魚的「免費策略」

近年來，在手機的應用程式上經常可見「基本免費」的宣傳文字。大家可能以為免費提供辛苦開發出來的服務會降低獲利，但這其實是名為「免費策略」的商業模式。

KEY WORD ▶ 免費策略、交叉補貼模式、三方市場模式、免費增值模式、非貨幣經濟模式

▶▶▶ 名為免費策略的商業模式

免費策略是美國綜合型雜誌《連線》（*Wired*）的前總編輯克里斯・安德森（1961年～）在自己的著作中提到，因此一舉成名的商業模式。他認為免費策略可以大致分成以下四種模式。

● 交叉補貼模式

販賣特定的商品或服務時，順便免費提供其他商品、服務的手法稱為「交叉補貼模式」。網購時遇到的「買一件，免費贈送另一件！」的促銷即為交叉補貼。

● 三方市場模式

由提供者與使用者外的第三方負擔費用，這種手法稱為「三方市場模式」。例如電視台或廣播電台拿贊助商支付的廣告費來做節目，觀眾或聽眾只要付電費，基本上無須再另外付費就能免費欣賞到節目。這種免費提供內容來收廣告費獲利的手法，在科技媒體業是最常見的手法。

● 免費增值模式

免費提供基本的商品、服務，針對部分內容收費的手法稱為「免費增值模式」。例如手機的遊戲軟體，遊戲本身不用錢就可以玩，但另一方面藉由開寶箱等收費要素提升收益，這種機制就是免費增值模式。

● 非貨幣經濟模式

不以獲取金錢為導向，而以獲得名聲、好評或提升品牌價值為目的來提供服務，這種行為稱為「非貨幣經濟模式」。企業以內容行銷的方式提供有益的資訊，或個別使用者自行投稿留言等，皆屬於非貨幣經濟模式。

免費策略的四種模式

交叉補貼模式

購買特定商品時，免費獲得贈品的手法。研究結果指出，人類很容易受「免費」這個字眼吸引，可見買一送一比半價更加有效。

好划算

買一個披薩 **免費** 再送一個

三方市場模式

讓廣告業主替消費者支付費用，得以免費提供影音內容的做法。廣告主打的如意算盤是讓更多人知道自家公司的商品或服務，力圖藉此增加獲利。

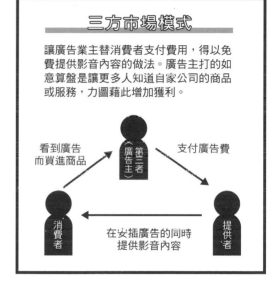

看到廣告而買進商品

第三者（廣告主）

支付廣告費

消費者

在安插廣告的同時提供影音內容

提供者

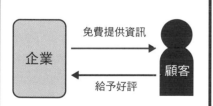

企業 ── 免費提供資訊 ── 顧客

給予好評

免費策略

非貨幣經濟模式

利用免費的電子報等提供有益資訊，獲得顧客的信賴及好評，以促使顧客買進服務為最終目標。還有，個人為商品寫心得感想以博得名聲的行為，也屬於非貨幣經濟模式。

我想變得比其他玩家更強……！

無付費者

付費者

免費增值模式

免費提供基本的內容，讓一部分人購買收費服務，進而藉此獲利。因為基本上不用錢，可以增加使用者人數，再讓使用者們互相競爭，促使他們付費。

08 備受矚目的「直效行銷」

至今的行銷方式皆以針對不特定多數的顧客,單方面播放廣告為主,也就是遵循「亂槍打鳥總有一天會打中」的思考邏輯;但近年來隨著能獲取的顧客資訊增加,其手法也產生了變化。

KEY WORD ▶ 直效行銷、名單(目標顧客)、時機、創意、能提供什麼

▶▶▶科技的進步與直效行銷的發展

簡單地說,所謂直效行銷指的是賣方與顧客可以透過一對一的方式進行雙向交流的行銷手法。據說這是起源自美國的苗圃型錄販賣,具體做法是上門推銷及郵購、直郵廣告、夾報廣告、打電話推銷、線上購物等等。近年來隨著科技的進步,可以更仔細地分析顧客對商品或服務的反應,並建立資料庫。在著名的行銷教科書《成功的直效行銷方法》(*Successful Direct Marketing Methods*,鮑伯‧史東、榮恩‧雅各布斯著)裡,舉了以下四個直效行銷的要素。

●名單(目標顧客)

在網路普及前,採用的是向名單業者購買名單,依照上面的地址一家家地郵寄直郵廣告這種非常沒有效率的方法。但現在已有各種的方式能去蒐集,甚至統一管理登陸自家公司網站的履歷及社群網站上的個資,還有購物網站的瀏覽和購買紀錄等。

●時機

只要能利用科技去蒐集、分析詳細的數據,還能第一時間追蹤到顧客的行動。掌握顧客升學或就業、結婚、生子、退休等生命週期,在最恰當的時機通知顧客商品及服務的最新訊息。

●創意

指的是設計及文宣等引人注目的要素。

●能提供什麼

意指提供「折扣」、「保證退費」等顧客想要的優惠。

直效行銷的四大要素

名單（目標顧客）

用於縮小直效行銷對象的顧客資料範圍。隨著科技進步，得以實現用數據驅動（蒐集、分析、活用龐大的數據），進行更有效的直效行銷。

蒐集、分析
顧客資料

時機

最適合向顧客宣傳商品或服務資訊的時機。近年來隨著數據驅動，得以掌握每個顧客的生命週期，在最恰當的時機送上最恰當的商品情報。

不放過每個商機的宣傳

創意

出色的設計或文宣，能將商品和服務的魅力發揮到淋漓盡致。過往以追求盡量顯眼、投放大量廣告為主流，現在鎖定目標進行宣傳的案例也愈來愈多了。

引人注目的設計

能提供什麼

向購買商品或服務的顧客表示能給予什麼樣的回饋。根據顧客的年齡及性別、手頭上的資產等等，分析其需求並提供更有效的內容，是直效行銷的重點。

線上講座開始了
○○○○
50%OFF
××××
30%OFF
保證退費

符合顧客需求
的內容才吸引人

09 以專注的方式獨佔市場的「優勢策略」

看到同一家企業的便利商店都集中在特定區域開店，是不是覺得很不可思議？乍看之下好像是自家企業在爭奪顧客，但這裡頭其實隱藏著與市場佔有率有關的策略。

KEY WORD ▶ 優勢策略

▶▶▶以開連鎖店蔚為主流的「優勢策略」

所謂的優勢策略，是指超級市場或便利商店增闢連鎖店時，都集中開在特定區域，藉此提升市場佔有率，創造出獨佔狀況的經營策略。相同的連鎖店集中在同一地區，可能會發生互相搶奪市場大餅的問題，但也有著更大的優點。

其中之一的優點，便是店舖的知名度在集中開店的區域內會急速上升。只要能被使用者認為是主流的大企業，就能得到顧客的信賴，有助於吸引客人上門。

再者，從流通面來看也有很大的好處。以便利商店為例，貨車每天會把商品運送到各分店，而當店舖集中於特定地區時，只須短距離地移動就能完成配送。運輸效率一旦提升，還能減少成本，以更便宜的價格提供商品。

再加上分析每個地區的銷售傾向後，還具有更容易配合各地區特性來推出商品的優勢。即使品項有所變動，也能一次搞定整個地區，因此總公司也能更有效率地進行管理。

說到經營的效率，當區經理等職員走訪各加盟店、提供經營的建議時，倘若店舖都集中在狹窄的範圍，也可以減少移動的時間。

▶▶▶優勢策略的缺點

雖然有很多優點，但優勢策略也有其缺點。近年來，日本的天災不斷，萬一實施優勢策略的地區發生天災，區域內的店舖可能會同時喪失機能。此外，也很容易受到地區人口減少而導致需求降低的影響，這在少子高齡化日益嚴重的日本已是避無可避的弱點。

傳統的開店策略與優勢策略之比較

傳統的開店策略

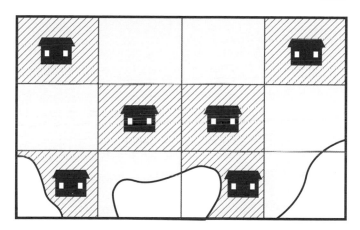

在沒有競爭對手的地方開店

優點	缺點
●不會發生競爭對手搶奪客人的狀況	●不容易提高知名度
●可以分散天災等風險	●運輸效率不佳
●不容易受到地區人口減少等影響	●不容易掌握地區特性
	●總公司難以統一管理

優勢策略

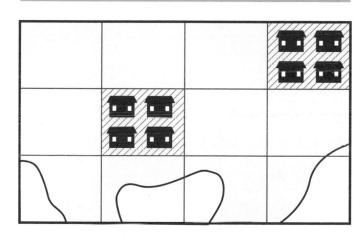

把店集中開在特定地區

優點	缺點
●便於提高知名度	●會發生競爭對手搶奪客人的狀況
●運輸效率佳	●很容易同時受天災的危害
●容易掌握地區特性	●很容易受到地區人口減少或需求
●總公司可以統一管理	變化等影響

10 細水長流的「刮鬍刀商業模式」

大家可聽過「吉列」這個刮鬍刀品牌？雖然該品牌經過吸收合併後，如今只剩下品牌名稱，但吉列曾經創造出名為「刮鬍刀商業模式」或「吉列模式」的劃時代商業模式。

· KEY WORD ▶ 吉列模式

▶ ▶ ▶ 靠零件賺錢的「刮鬍刀商業模式」

1903年，美國的刮鬍刀大廠吉列公司把刮鬍刀的本體，也就是握把和可以替換的零件（刀片）拆開來販賣。此舉因為讓握把賣得很便宜，進而創造出讓自家產品廣為普及，順勢提升替換用刀片營業額的商業模式。從此以後，以便宜的價格提供本體、讓消費者持續買進零件，藉此提升獲利的手法就稱為「吉列模式」。以下是我們周遭採用這種商業模式的具體範例。

· 租賃的事務機與墨水匣
· 飲水機與飲用水
· 咖啡機與咖啡膠囊

吉列模式的優勢在於，先讓消費者買下本體，製造出只能使用自家公司零件的情況（留住顧客），從而確保綿延不斷的營業收入。有些公司賣出本體時，別說賺錢了，甚至還會虧損，但隨著顧客連續購買零件一年、兩年之後……就能產生長期的巨大利益。

▶ ▶ ▶ 吉列模式的注意事項

採用吉列模式時，很容易陷入零件的定價太高、引來消費者反感的情況。品牌形象變差會導致消費者改買別家公司的產品，因此必須充實價格以外的服務等，小心維護品牌形象。至於可替換的零件，市面上可能也會出現廉價的替代品，以至於無法維持預料中的營業收入。可以透過開發獨家的製造方法以免被取代，但如此一來勢必要做出相應的投資，所以也不是太輕鬆。

吉列模式示意圖

吉列模式的核心，在於把本體和替換用零件分開來販賣這一關鍵。購買本體的消費者會認為，
比起購買新的本體，單買替換用的零件比較划算，因而繼續購買自家公司的產品。

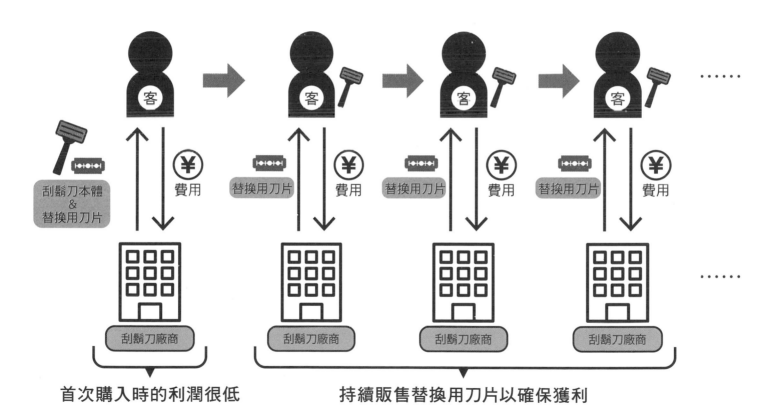

Chapter 4

以宣傳策略抓住顧客的心

不能只是單純地提供商品或服務，還必須花點工夫讓顧客接受，進而長期支持自家公司。
接下來為各位解說抓住顧客心的宣傳策略。

01 「CRM」與「CSV」能同時實現社會貢獻 與增加收益

我們經常可以聽到企業的社會責任、社會貢獻這些字眼。但是社會接下來需要的行銷手法,是能讓獲利與社會貢獻兩全其美的CRM、CSV,而不再只是單純的慈善活動。

KEY WORD ▶ CSR、CRM、CSV

▶▶▶ 兼顧企業利益與社會責任的CRM

高度經濟成長期時,企業的成長或獲利提升,會直接成就員工的收入或納稅額增加,促進整個社會的發展。然而,近年來大企業的成長變得遲緩,企業與社會的關係及社會責任(Corporate Social Responsibility=CSR,企業社會責任)比較不容易牽扯在一起。

於是CRM(善因行銷,Cause-Related Marketing)開始受到矚目。這是以Cause(主義、目標、理想、大義)為前提的行銷活動,將自家公司的商品或服務產生的一部分收益,捐給慈善團體或環保團體等。這是有助於解決社會問題的行銷手法,最典型的例子是「將商品獲利的○%捐給△△△團體」。企業於美國播放廣告,CRM便佔了8%的比重,十分普及,而日本自從東日本大地震以後,也有愈來愈多企業開始推行CRM。

另一方面,哈佛商學院的教授麥可·波特則斷言,企業的CSR活動只是一種宣傳形式,意即假借捐款或社會貢

獻(philanthropy)之名,提升自家公司的形象,對社會其實沒什麼太大影響。把CSR套到企業策略上的舉動,稱為「策略性CSR」;而讓企業與社會貢獻直接有關的新概念則稱為CSV(創造共享價值,Creating Shared Value)。

舉例來說,飲料廠商雀巢協助供應原物料的小規模農家,幫助他們提升對環保的意識、飼養更健康的家畜,不僅提升了自家公司的競爭力,也讓農家與農村地區變得更富庶。

另外,富維克礦泉水一直將部分的營業收入捐給聯合國兒童基金會,但隨著銷售量大增,如何處理保特瓶也成了一大問題。於是,再後來的日本可口可樂公司,便將旗下「I LOHAS」品牌的營業收入捐給種樹事業,並考慮到塑膠垃圾的問題,開始採用可以輕鬆壓扁的容器。

換句話說,CSV是一種「企業不再把社會問題與企業事業活動分開看待,而是將社會問題視為企業策略的一環,藉此創造社會價值,企業也能獲得長期成功」的新概念。

富維克過去推行的CRM

從減少塑膠垃圾的觀點來看，富維克公司的CRM方式現已不受歡迎，但當時對其他企業的CRM或CSV策略都帶來了相當大的影響。

自2005年起，富維克公司與聯合國兒童基金會一起實施「1L for 10L」的CRM活動。這是透過挖井或維修水井等活動，富維克每賣出1公升的飲用水，就會提供10公升乾淨又安全的飲用水給非洲（支援對象國）的人。

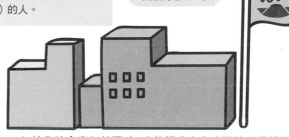

富維克公司

聯合國兒童基金會

可以籌措到在支援對象國內活動的資金。與民間企業一起實施，也能達到讓活動內容廣人所知的效果。

在善盡社會責任的同時，也能提升自家公司的商品營收。還有助於提升企業形象。

CRM
Cause-Related Marketing
善因行銷

非洲的孩子們

可以獲得確保喝到乾淨飲用水的援助。

消費者

消費者在購買商品、不會有多餘負擔的情況下，就能捐款給支援對象國，會讓消費者產生社會貢獻的意識。

麥可・波特教授強調，企業的CSV不止是單純的捐款或社會貢獻，還必須連結到自家公司的企業策略。透過實際提升企業的形象或增加營業收入，讓更多企業樂於實施CSV。

02「水平思考」才能創造出不受常識束縛的想法

開拓新市場或開發新的行銷手法不是一件簡單的事。
但只要能將水平思考運用在傳統的想法上，或許就能創造出無限大的可能性。

KEY WORD ▶ 水平思考

▶▶▶水平思考是通往全新想法的捷徑

在各種教科書級的行銷手法中，如果想得到更大的效果，就必須開拓出想法新穎的行銷手法。話雖如此，就如同開發新商品，開拓新的行銷手法可沒有說的那麼簡單，會面臨到所謂的「難產」。但這時只要導入「水平思考」，或許就能得到新的想法。

「水平思考」此一想法，是由集作家、醫學家、心理學家、發明家等琳琅滿目的頭銜於一身，出身自馬爾他島的愛德華・狄波諾（1933年～）提倡，由三個步驟構成。

第一個步驟，是選擇要思考的對象。如果企業要將水平思考視為行銷的一環，那麼思考的對象無非就是想販售的商品或服務。這時，便要思考該標的物之特性。以即食食品為例，通常都會浮現出「美味」、「做法簡單」、「高級餐廳的風味」等關鍵詞。

第二個步驟，是為產生的想像製造變化性，這也是水平思考的關鍵部分。變化有「逆轉」、「代替」、「結合」、「強調」、「去除」、「排序」六種型態。替思考對象加上什麼樣的變化，結果將產生很大差異。

第三個步驟，則是如何填滿當初的印象，以及經過變化後所產生的落差。假設來說，試著將上述的六個型態套入「高級餐廳的風味」，應該會產生「家庭的風味」（逆轉）、「別的食品」（代替）、「與其他料理組合成特別的菜單」（結合）、「料多味美」（強調）、「拿掉多餘的食材，只用主菜烹調」（去除）、「向消費者蒐集食譜」（排序）的結果吧。除此之外肯定還會浮現出許多其他的點子。

像這樣不受既定的理論束縛，改變視角而產生的點子，才是推出前所未有的行銷時主要的基本方針。請從天馬行空的點子裡過濾出最適合的方案。

水平思考的三步驟

① 選擇標的（對象）

首先選擇要思考的對象，思考其特性。例如，要在特別的日子選花送給別人，腦海中會浮現「顏色漂亮」、「香味迷人」、「花語浪漫」等要素。

② 透過水平移動誘發落差（刺激）

在①浮現出的其中一個要素製造變化。變化有「逆轉」、「代替」、「結合」、「強調」、「去除」、「排序」等六種型態。

③ 思考填滿落差的方法（連結）

以花為例，可以利用「結合」想到跟花一起再送點別的東西，也可利用「逆轉」想到刻意跳過特別的日子、改天再送，以製造意料之外的驚喜。

試著以水平思考來思考生日送花給情人一事

逆轉
刻意在生日以外的日子送花

代替
改送書而非花

強調
要送幾十朵花還是只送一朵（強調縮小方向）

結合
花和書都送

去除
什麼也不送

排序
反過來從過生日的情人手中收到花

03 利用「IMC」弭平消費者對商品的想像誤差

即使透過行銷公布了新商品的上市消息，也沒人能保證消費者一定會接收到。尤其是經由好幾種媒體傳播時，很容易產生想像誤差。為了避免想像誤差，IMC顯得格外重要。

KEY WORD ▶ IMC、整合行銷傳播

▶▶▶ 從消費者的角度提供無誤差的訊息

在高度資訊化已變成理所當然的現代社會，每一項商品或服務都會經由各種媒體來傳播訊息。然而，明明是相同的商品或服務，透過傳播後給人的印象卻依媒體而異。

如此一來，消費者就會不曉得該相信哪個訊息，或該怎麼做出判斷才好，最終可能導致索性不考慮那樣商品或服務的結果。另外，如果消費者在想像存有誤差的情況下還是買了該商品或服務，可能也會產生「不符期待」的印象。為了不讓事情演變至此，整合行銷傳播（Integrated Marketing Communication＝IMC）開始受到矚目。

IMC很重要的關鍵，便是統一消費者接收到的訊息。因此，整合行銷傳播的總監或企劃人員就顯得格外重要，需要有妥善管理企業提供的資訊有無誤差、消費者是否因傳播的媒體不同而產生不同的印象、希望消費者產生何種

印象的能力，並將其誘導到公司想要的方向。

第二重要的，是從消費者接收到訊息、對商品或服務產生興趣到購買的流程中，利用適當的媒體或手法，建立起持續溝通的架構。

起初，這些手法不外乎以報章雜誌、電視或網路的廣告為主。有些企業也會以在街頭舉辦促銷活動與消費者進行第一次接觸。這些都是向不特定多數的消費者提供資訊，屬於一廂情願的行為。這時消費者可能會主動索取資料，企業就能在管理、分析顧客資料的前提下進行個別溝通，不再依賴主流媒體。這裡的重點在於，透過打電話或面對面的方式說明商品或提供試用品，讓消費者確實理解商品的魅力之後，再做出購買的決定。除此之外，還能經由購入商品後的售後服務或技術支援，繼續與消費者溝通，把消費者培養成回頭客。

整合行銷傳播的流程

消費者買進一件商品時，其滿意度會依商品是否符合購買時的期待而異。也就是說，關鍵在於能否讓消費者對商品有正確的認識，並產生適度的期待。為了讓消費者產生適度的期待，將「人員溝通管道」與「非人員溝通管道」這兩個溝通管理雙管齊下是最有效的做法。

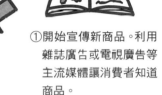

詳情請上網查詢！

①開始宣傳新商品。利用雜誌廣告或電視廣告等主流媒體讓消費者知道商品。

②消費者經由網路上的自媒體接觸到商品資訊。

③透過打電話等電銷手法，列出可能會購買的顧客名單。透過人員溝通管道確認消費者對商品的理解程度和購買欲望。

④由店員接待客人，仔細地說明商品、提供試用品，消除消費者的不安或誤解。

⑤成功售出商品後，也要繼續透過售後服務與消費者保持聯繫，有助於提升顧客滿意度。

04 以「BOP行銷」開拓新市場

以有錢人為行銷對象的時代已經結束了。接下來是要培養沒有購買力的金字塔底層，開拓新市場、擴大經濟圈的時代。

▶▶▶促進被埋沒的BOP市場成長

　　商品開發或行銷活動，很容易流於對擁有很多可支配所得的有錢人去推銷高單價商品或服務的迷思。因為這麼做很容易看出性價比，短期間內就能產生收益，因此許多企業都遵循這個方針展開經濟活動。

　　然而，若從宏觀的角度來觀察世界經濟，不難發現這個策略有其極限。全世界的總人口約60億人，其中約1.75億人是年收入超過2萬美元的有錢人。以日本人的認知來說，2萬美元這個金額看起來好像很普通，甚至不怎麼樣，但事實上擁有這年收入的人卻只佔了全球人口的前3%。

　　其次是年收入2萬美元以下、3千美元以上的族群，約為14億人，而降低到這個標準後才終於佔了25%，即使包括有錢人在內也才28%。再往下的金字塔底層（Base of the Pyramid＝BOP）則是佔了全人口的72%，相當於40億人

以上。換句話說，大部分的企業致力於全球化，將服務或商品推廣到全世界，也只是在爭奪只佔全體28%的有限客層。於是，密西根大學商學院的C・K・普哈拉教授（C.K. Prahalad，1941年～）提出了一個顛覆性的概念。

　　他所提倡的BOP行銷，是把金字塔底層的人口培養成今後有機會購買商品或服務的市場，是一種全新的行銷觀念，他也以日用品企業印度聯合利華公司作為成功範例。

　　該公司將一個數百日圓的肥皂切成小塊，販賣幾塊錢就能購買的一次性肥皂。即使是沒經濟能力購買數百圓肥皂的金字塔底層，需要肥皂時，還是能用幾塊錢就買到商品。印度聯合利華不僅推出這種小份量肥皂，還雇用金字塔底層的女性當銷售員，提供她們穩定的收入來源，並且讓金字塔底層的人養成「用肥皂洗手」的習慣，創造出新需要的同時，也讓消費者過上更衛生的生活，對社會做出貢獻。

全球的所得金字塔與BOP層

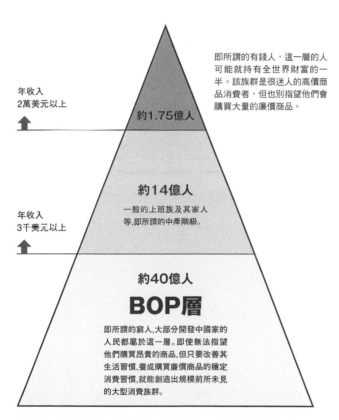

年收入
2萬美元以上

約1.75億人

即所謂的有錢人,這一層的人可能就持有全世界財富的一半。該族群是很迷人的高價商品消費者,但也別指望他們會購買大量的廉價商品。

年收入
3千美元以上

約14億人

一般的上班族及其家人等,即所謂的中產階級。

約40億人

BOP層

即所謂的窮人,大部分開發中國家的人民都屬於這一層。即使無法指望他們購買昂貴的商品,但只要改善其生活習慣,養成購買廉價商品的穩定消費習慣,就能創造出規模前所未見的大型消費族群。

擁有強大購買力的有錢人與中產階級,其實只佔全世界人口的28%。在如此有限的範圍內與競爭對手搶奪市場大餅,成長的可能性其實很有限。但若能讓佔全體72%的金字塔底層(BOP)成長為消費者,就能獲得更加巨大的市場。

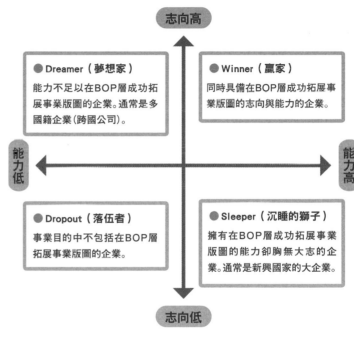

企業針對BOP行銷的不同做法

志向高

● Dreamer(夢想家)

能力不足以在BOP層成功拓展事業版圖的企業。通常是多國籍企業(跨國公司)。

● Winner(贏家)

同時具備在BOP層成功拓展事業版圖的志向與能力的企業。

能力低

能力高

● Dropout(落伍者)

事業目的中不包括在BOP層拓展事業版圖的企業。

● Sleeper(沉睡的獅子)

擁有在BOP層成功拓展事業版圖的能力卻胸無大志的企業。通常是新興國家的大企業。

志向低

在BOP層拓展事業版圖最有名的例子,當屬孟加拉的鄉村銀行(Grameen bank)。

金字塔底層的人,因為無法向銀行融資,轉而向高利貸借錢,陷入愈來愈貧窮的惡性循環。曾經擔任吉大港大學經濟系教授的穆罕默德‧尤努斯(1940年～)於1983年為金字塔底層的人創設了鄉村銀行,開始提供少額無擔保融資給想在財務上獨立的人。

現在已有超過40個國家推出參考鄉村銀行的金融業務,穆罕默德‧尤努斯也因這項功績於2006年獲頒諾貝爾和平獎。

05 把「三重媒體」分開來運用

在過去，企業通常會把提供資訊的任務交由主流媒體的廣告來進行，但隨著數位時代來臨，公司自己的媒體或市場上的口耳相傳效果也愈來愈有影響力，因此必須懂得善用三重媒體的效果。

KEY WORD ▶ 自媒體、付費媒體、贏來的媒體

▶▶▶ 三種形態和特性都不一樣的媒體

隨著數位時代正式來臨，對行銷具有重大意義的「三重媒體」顯得格外重要。

這裡所說的三重媒體分別是自媒體（Owned Media）、付費媒體（Paid Media）、贏來的媒體（Earned Media）這三種媒體。隨著數位社會來臨，媒體的網路依賴性急劇上升，但其中也包括了類比式的媒體。這些媒體各有各的特色，如果能有效地善用，將可讓行銷更有效。

自媒體則是指企業自行發送的訊息媒體。除了公司網站、部落格及電子報以外，還有商品型錄或試用品、發表新產品時舉行的記者會或新聞稿等，都是企業能自行控制訊息的內容或發表時機的媒體。另外，企業還能保證其所提供的訊息可信度，因此通常是消費者眼中最值得信賴的資訊來源。

付費媒體可以視為自媒體的延伸，例如付錢給廣告公司或報社、出版社旗下的媒體（雜誌、報紙或街頭的大型看板等）請他們刊登廣告，是經由主流媒體提供訊息、提高消費者認知度最有效的媒體。付費媒體具有高觸及率的特點，能被消費者大量看到，這一點也很吸引人，但也有必須付費、期間限定等限制。

最後是**贏來的媒體**，意指消費者的口耳相傳。近年來，出現許多社群網站或個人部落格、電子商務的評論等，以個人為單位或相當於以個人為單位等數位時代特有的小規模傳播媒體，其影響力也不容小覷。尤其是經由部分俗稱網紅的部落客或YouTuber介紹後，產生的效果遠大於自媒體或付費媒體的案例也屢見不鮮。不過，這種方式因為不受企業控制，不見得每次都能獲得預期中的效果。

三種媒體的功能

近年來，有付費請俗稱「網紅」、具有高度影響力的名人，在自己的社群網站上介紹商品的宣傳手法，或是讓自媒體扮演付費媒體的角色。只不過，假裝站在中立立場介紹商品的「隱形行銷」，也就是「業配文」，所引來抨擊的風險也變得非常高。

自媒體（發表者）

「owned（自有的）」媒體，亦即公司自己經營的網站（官方網站或電子商務網站）、公司自己經營的部落格或推特、電子報等，提供商品資訊給消費者的媒體。實體店舖或放在實體店舖供人索取的宣傳手冊也包含在內，可以自行掌控提供的訊息。

付費媒體（仲介者）

「payed（付費的）」媒體，經由其他公司的有償媒體提供資訊，即所謂的廣告。戶外的看板或海報、雜誌的宣傳廣告、電視或網路上的廣告等，在以前都被當成提供資訊的主力，但近年來由於生活型態變化與多元化的推進，性價比逐漸降低。

「earned（博得好評的）」媒體，具體而言就是有社群網站及部落格、電子商務網站的評論等等，也包括被媒體主動報導的情況。公司很難控制對方要發表什麼意見，但可以藉由口耳相傳的效果獲得一般消費者的信賴，因此一旦得到好評，效果就會很驚人。

贏來的媒體（傳播者）

06 利用「自媒體」來提升收益

商品的販賣窗口並非只有零售店。在自媒體上架設電子商務網站,將成為獲利率更高的銷售管道。不妨用心架設能夠提高顧客購買欲望的網站。

KEY WORD ▶ 媒體網站、宣傳網站、電子商務網站

▶▶▶刺激購買欲望的網站架構至關重要

自家公司的網站可說是現代自媒體的核心,同時也是能直接帶來收益的「平台」。為了提升收益,也必須用心地架設自家公司的網站。

主動點開網站的顧客,可以將這些族群視為對自家公司或產品感興趣的人。這些顧客第一眼看到的網站首頁,相當於公司遞出去的名片。要一開始就讓顧客一眼看到主力商品或服務,還是以企業形象為基調、展現落落大方的態度,網站的構成將如實呈現出一家企業的風格。

此外,也可以在首頁介紹公司概要或營業內容、交易成績、徵人啟事等資訊,向顧客展示自己的定位。然後再經由連結,將顧客導流到媒體網站、宣傳網站或電子商務網站等各自的內容。

媒體網站是指定期刊登最新資訊的頁面,例如自家公司新上市的商品或相關新聞。尤其是為了提升新商品的形象,通常皆以重視視覺效果的方式來設計網頁,強調商品的特徵及新功能、上市日期等資訊。

另外,也可以利用宣傳網站,以期間限定折扣或網路限量商品等只有在該網站購買才能得到的特殊贈品,重點式地販售特定的商品。推出這一類的促銷活動,可以促使平常沒什麼機會看上自家公司商品的消費者下定決心購買。

電子商務網站必須設計得簡單好用,網羅所有當時還在販賣的商品,讓消費者透過簡單的操作就能購買完成。萬一網站上的情報或商品選擇太複雜,會降低好不容易上門的顧客的購買欲望,所以,重點在於意識到消費者的瀏覽閱讀順序,再去配置版型和按鈕。

透過上述網站提高顧客的購買欲望後,再將其引導到只須輸入個人資料就能結帳購買的登陸頁面,這時,只要再放上一些能刺激購買欲望的關鍵字,就能更加提高顧客下單的機率。

從首頁到登陸頁面

首頁

首頁是自媒體的玄關，也是向使用者介紹企業整體形象的地方。這裡配置了各種宣傳文字及商品介紹，還有將使用者引導到電子商務網站的連結。重點在於，如何不讓來訪的使用者離開，誘導他們到下一階段。

媒體網站

主要用於宣布新商品上市或商品說明等資訊。最大的目的是讓顧客留下強烈印象，例如強調與過去產品或與別家公司的產品差別在哪裡，有什麼出色的功能等。吸引人的宣傳文案也不可或缺。

宣傳網站

重點式地宣傳想要提升銷量的商品、宣布打折的促銷活動等。例如，期間限定的服務可以強調划算的氛圍，讓顧客產生購買欲望。

電子商務網站

可以實際購入商品的頁面。載明商品名稱及各商品的縮圖、價格及庫存狀況等。要留意版面是否夠簡潔，順著使用者瀏覽的方向去配置各種按鈕等版型細節，以免顧客因不熟悉操作方法而降低購買欲望。

登陸頁面

最後結帳的頁面。對網頁設計多下點工夫，讓顧客無負擔地選擇支付方法、輸入商品收件人等資料，也要註明運費及合計金額等資訊。

07 在搜尋時脫穎而出的「關鍵字廣告」

當一個人主動在網路上進行搜尋時，若不是對某件事抱持強烈的興趣，就是比一般人對相關產品具有更高度的購買欲望。「關鍵字廣告」就是看中這一點，力求達到更好的宣傳效果。

KEY WORD 　關鍵字廣告、PPC（Pay Per Click）廣告

▶▶▶與搜尋連動的「關鍵字廣告」

在網路上進行搜尋時，搜尋結果的頁面上方或右側會出現廣告，稱為「關鍵字廣告」。這是由搜尋引擎方設定的機制，廣告業主透過支付廣告費用，讓自家公司的產品頁面與使用者搜尋的關鍵字連動，進而出現連結。

出現在搜尋結果前幾名的網站上方，除了更容易被人看見之外，再加上因為是以主動搜尋、原本就有意願購買的使用者（顯在使用者）為對象，所以可以得到比平常更大的廣告效果。而且關鍵字廣告採用的是「僅顯示連結無須收費，點進去才會產生廣告費用」的機制，所以還具有即使預算不夠多也可以執行的優點。因為要點進去才開始收費，所以又稱為PPC（Pay Per Click）廣告。

不同於SEO等長期策略，除了有馬上就能見效的優點，還能以最快的速度開始打廣告或停止、變更等，這點也很吸引人。

▶▶▶最好對關鍵字廣告的缺點有點概念

大家可能以為關鍵字廣告好用得不得了，但是包含搶手的關鍵字在內，為了出現在搜尋結果前幾名，廣告費也會隨之水漲船高，因此必須配合業主各自的預算。

再者，也必須配合季節或流行趨勢，去隨時調整廣告的內容，所以需要具備專業知識才能有效地運用。為了解決此問題，坊間也有代為操作的服務，但這樣就得花更多錢了。

除此之外，即使對前述所提的顯在使用者有效，可能也打動不了本來就沒興趣的潛在使用者，因此關鍵字廣告不適用於一心想讓世人知道商品或服務，亦即以打開知名度（品牌行銷）為前提的情況。

利用關鍵字廣告之際，必須先了解這些優點與缺點，配合自家公司的商品、服務的內容，謹慎小心地運用。

關鍵字廣告的優缺點

關鍵字廣告 ──────── 搜尋結果 ────────

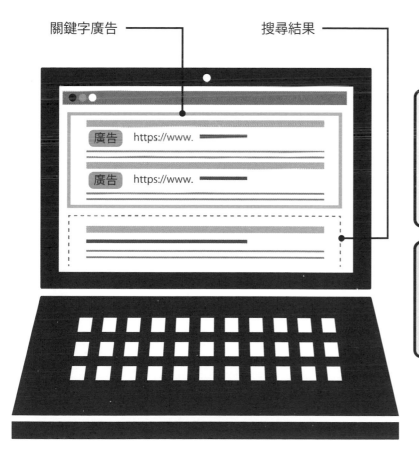

廣告 https://www. ────

廣告 https://www. ────

關鍵字廣告的優點

- 可以對有很高可能性購買的使用者宣傳
- 即使預算不夠多也可以執行
- 廣告具有即時性
- 很快就能上傳廣告

關鍵字廣告的缺點

- 很多人競爭的熱門關鍵字，需要較高的廣告費
- 使用上需要專業知識
- 不適用於打開知名度的情況

關鍵字廣告與SEO哪個比較有效？

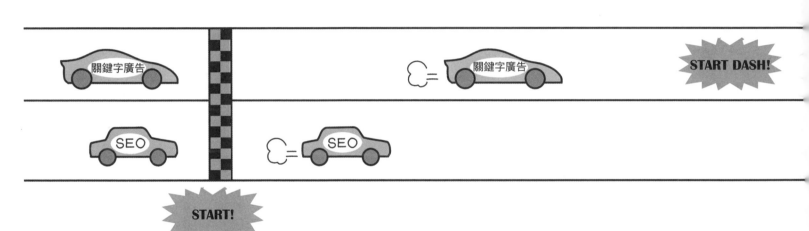

關鍵字廣告與SEO兩者做比較，SEO雖不是廣告，但利用搜尋引擎這點性質是相同的。各有各的優缺點，但從綜合的角度來看，哪個比較有效呢？

●運作成本

關鍵字廣告：競爭愈多，成本愈高
SEO：基本上成本不高

關鍵字廣告的原理，是有使用者進行點擊的動作才會收費，因此成本依關鍵字而異；愈競爭的關鍵字，成本愈高。另一方面，SEO並不需要廣告費，但為了讓內容更充實，需要製作費用及人事成本等支出。

●廣告效果的即時性

關鍵字廣告：高
SEO：低

關鍵字廣告刊登的手續很簡便，只要肯花錢，立刻就能擠進搜尋結果前幾名。相較之下，SEO的效果比較不透明，就算有效，也需一段時間才能看見效果。如果已經很確定何時要打廣告，建議使用關鍵字廣告為佳。

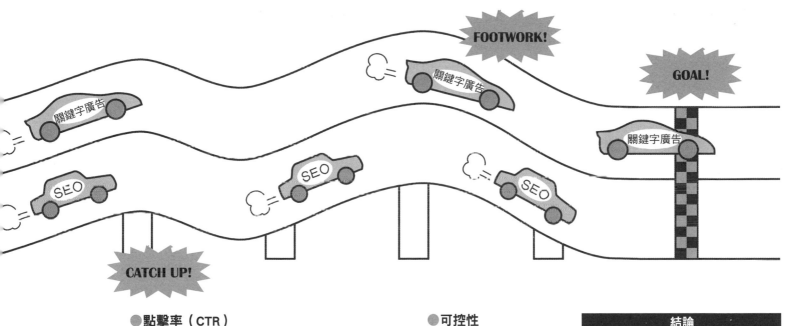

●點擊率（CTR）

> 關鍵字廣告：低
> SEO：高

相較於出現廣告的次數，有多少使用者點進去瀏覽的比例稱為點擊率（Click Through Rate＝CTR）。想當然，點擊率愈高，代表廣告效果愈大，但也有很多使用者對五花八門的廣告避而遠之，關鍵字廣告也是其中之一。關鍵字廣告的點擊率約10%，而自然隨機搜索的首位點擊率約20%，可見若能利用SEO，將自家廣告出現在搜尋結果上方，無論在效果面還是成本面都較有利。

●可控性

> 關鍵字廣告：高
> SEO：低

關鍵字廣告花在廣告費上的金額及關鍵字、連結出去的網站，這些要素隨時都能變更，因此可以彈性臨機地應付瞬息萬變的需求變化。相較之下，SEO必須仔細地檢查自家網站的內容去進行變動，而且變更內容還得花一點時間才能反應在搜尋結果上。

結論

關鍵字廣告有助於短期行銷

由此可知，關鍵字廣告雖然要花錢，但在操作上比較靈活，適用於馬上就想看到效果的情況。SEO則是需要時間和精力，但只要能擠進搜尋前幾名，就能以低成本看到廣告效果。這兩種工具不妨分頭進行，配合時機善用關鍵字廣告的同時，也透過SEO進行長期的品牌行銷。

08 利用「內容行銷」來引起注意

媒體急速發展以前的廣告，皆以推銷型行銷為主流，單方面表達企業想傳達的訊息。但是在網路普及而導致廣告氾濫的現代，為使用者著想的「內容行銷」開始受到矚目。

KEY WORD 內容行銷

▶▶▶內容行銷的特徵

內容行銷是指免費提供高品質內容，讓使用者變成粉絲，藉此培養出收益性高的顧客。過去的行銷皆以盡可能向世人宣傳自家公司的商品、服務，亦即以企業本位為主流。但是在廣告氾濫的現代，許多使用者已經受夠了廣告，並表現出拒絕的態度。以前那種只有單方面推銷的廣告，再也無法獲得可觀的成效。

有鑑於此，內容行銷站在使用者的角度，以高品質免費提供他們真正想知道的資訊為出發點。免費提供有益的資訊可能會覺得企業因此吃虧，但只要巧妙地引導被那些資訊吸引過來的消費者，就能獲得顧客的青睞。根據提供的資訊，有時可能比花大錢打廣告更加有效。

▶▶▶內容行銷的流程

那麼，實際上該怎麼提供有益的資訊呢？打個比方，假設有家管理顧問公司準備一份以「在短期內提升營業收入的方法」為題的內容，該公司用文字及圖表仔細說明該處理的問題，然後在結論處宣傳自家公司的服務能解決這些問題。

如此一來，便可以藉由這份內容讓使用者知道自家公司的存在，對感興趣的使用者提供高品質的白皮書，將其培養成未來的顧客（培養潛在客戶）。如果能讓客戶實際下單、簽訂顧問合約，之後也要持續提供完善的服務，使其成為自家公司的粉絲。變成粉絲的顧客不僅會繼續簽約，還會把這家公司介紹給親朋好友。透過高品質的內容增加忠誠顧客，再由忠誠顧客的口碑增加更多新顧客，這就是內容行銷最理想的狀態。

傳統廣告與內容行銷之比較

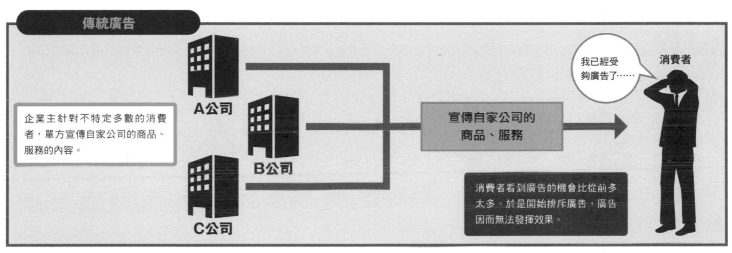

傳統廣告

企業主針對不特定多數的消費者，單方宣傳自家公司的商品、服務的內容。

A公司
B公司
C公司

宣傳自家公司的
商品、服務

我已經受夠廣告了……

消費者

消費者看到廣告的機會比從前多太多，於是開始排斥廣告，廣告因而無法發揮效果。

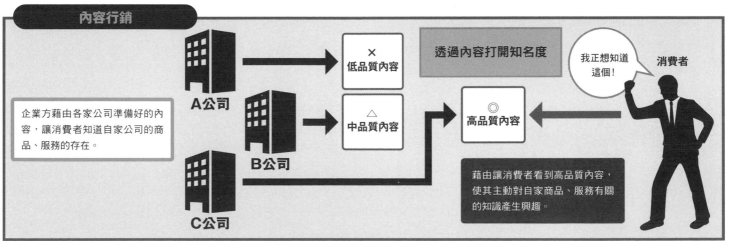

內容行銷

企業方藉由各家公司準備好的內容，讓消費者知道自家公司的商品、服務的存在。

A公司
B公司
C公司

× 低品質內容

△ 中品質內容

透過內容打開知名度

◎ 高品質內容

我正想知道這個！

消費者

藉由讓消費者看到高品質內容，使其主動對自家商品、服務有關的知識產生興趣。

09 以「DAGMAR理論」衡量廣告效果

世界上存在著無數的廣告，要用何種標準來衡量廣告效果比較好呢？雖然可以單純地以營業收入的金額或增加的顧客人數來計算，但全美廣告主協會發表的「DAGMAR理論」定義了另一套標準。

KEY WORD ▶ DAGMAR 理論

▶▶▶衡量廣告效果的 DAGMAR 理論

1961年，R・H・科利（Russell H. Colley）在全美廣告主協會上發表「DAGMAR理論」，替衡量廣告效果一事定義出了廣告的具體目標。根據此理論，顧客的購買流程將分成以下五個階段的認知層級（傳播幅度）。

①未知 (unawareness)

還不知道商品和服務的狀態。

②已知 (awareness)

已知商品和服務的狀態。

③理解 (comprehension)

理解商品和服務的狀態。

④確認 (conviction)

想購買商品的狀態。

⑤行動 (action)

實際買下商品的狀態。

刊登廣告時，事先調查消費者對自家公司的商品及服務處於哪一階段的狀態，比較刊登後的數據，就能衡量廣告的效果。確認消費者從「未知」到「已知」的比例（認知率增加）、從「已知」到「理解」的比例（商品理解度增加）這兩部分來分析廣告效果的同時，對於今後要鎖定哪一階段的消費者打廣告也能有個方向。DAGMAR理論雖然在60多年前就已提出，但作為衡量廣告效果的基本標杆，今後依然是很值得參考的思考模式。

DAGMAR理論的五階段認知層級

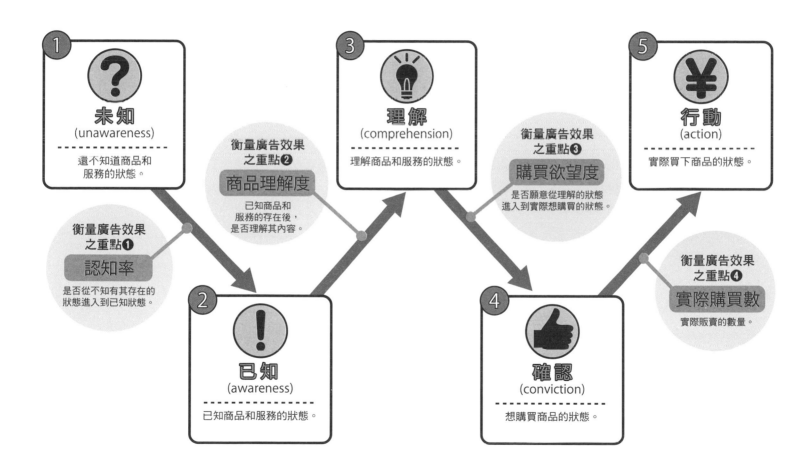

1 未知
(unawareness)

還不知道商品和服務的狀態。

衡量廣告效果之重點❶

認知率

是否從不知有其存在的狀態進入到已知狀態。

衡量廣告效果之重點❷

商品理解度

已知商品和服務的存在後，是否理解其內容。

3 理解
(comprehension)

理解商品和服務的狀態。

衡量廣告效果之重點❸

購買欲望度

是否願意從理解的狀態進入到實際想購買的狀態。

5 行動
(action)

實際買下商品的狀態。

衡量廣告效果之重點❹

實際購買數

實際販賣的數量。

2 已知
(awareness)

已知商品和服務的狀態。

4 確認
(conviction)

想購買商品的狀態。

10 五種提高「顧客滿意度」的方法

顧客在行銷裡扮演著最重要的角色。換句話說，只要能營造出讓顧客滿意的狀態，行銷就能無往不利。只要能滿足顧客，創造出由顧客衍生出來的顧客價值，就能提升自家公司的存在價值。

KEY WORD ▶ 顧客滿意（CS）、顧客價值

▶▶▶為什麼必須讓顧客滿意

行銷活動的目的，在於盡可能賣出更多商品，而負責買下商品的是顧客。顧客至上的想法來自哈佛商學院榮譽教授希奧多・李維特（1925～2006年）的這句話：「企業應是創造出顧客並讓顧客滿意的有機體。」那麼，顧客滿意（Customer Satisfaction，CS）又是怎麼一回事呢？企業的任務不止是製造商品或提供服務，也要讓購買商品的顧客滿意。顧客滿意後，購買欲望就會更高，最後就會想與該企業進行交易或共事。

不止是大企業，從零售商店到電子商務，這些皆與所有想跟顧客交易的業種有關。換言之，重點在於如何讓自家公司的產品或服務內容滿足顧客的期待。李維特認為「經營者的使命在於提供足以讓顧客滿意的價值，藉此提升顧客滿意度」。滿足顧客其實也是為了提升收益。真誠地改善產品或服務品質，讓顧客心甘情願地掏錢買下，其實也需要具體的策略。

▶▶▶顧客價值＝創造顧客

顧客價值是顧客滿意度的指標。這是指顧客對商品或服務追求的價值，可以透過**利潤（顧客得到的東西）－成本（顧客損失的東西）**的公式來計算。有五種方法可以提高顧客價值，分別是①提高利潤，降低成本；②提高利潤，成本保持不變；③提高成本，但利潤提升得更高；④利潤保持不變，降低成本；⑤降低利潤，但成本降得更低。①～⑤的重點皆在於不讓顧客滿意度下降，這也是「顧客價值＝創造顧客」所得到的價值。由此可見，提高顧客滿意度不僅能創造顧客，還能達成企業的使命。

如何提高顧客滿意（CS）的狀態？

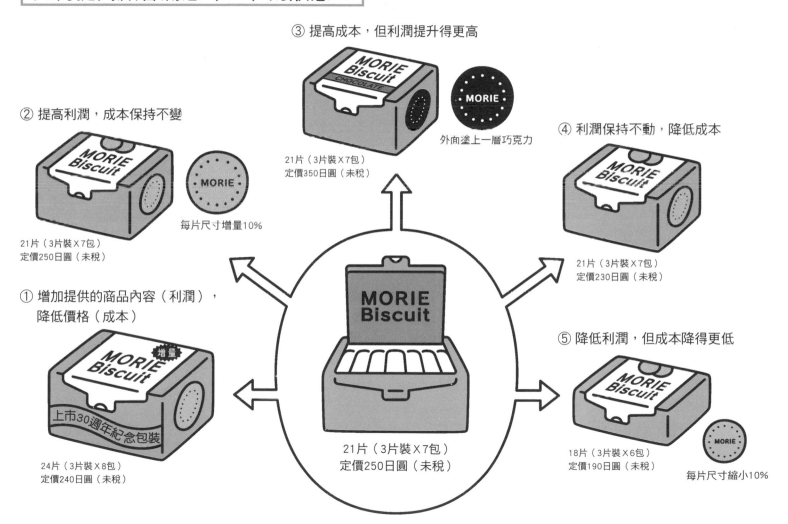

③ 提高成本，但利潤提升得更高

21片（3片裝×7包）
定價350日圓（未稅）

外面塗上一層巧克力

② 提高利潤，成本保持不變

每片尺寸增量10%

21片（3片裝×7包）
定價250日圓（未稅）

④ 利潤保持不動，降低成本

21片（3片裝×7包）
定價230日圓（未稅）

① 增加提供的商品內容（利潤），
　 降低價格（成本）

增量

上市30週年紀念包裝

24片（3片裝×8包）
定價240日圓（未稅）

21片（3片裝×7包）
定價250日圓（未稅）

⑤ 降低利潤，但成本降得更低

18片（3片裝×6包）
定價190日圓（未稅）

每片尺寸縮小10%

11 「超乎期待」才能創造顧客價值

讓顧客滿意的重點在於顧客價值。品質、服務、價格是提高顧客價值的三大法門。當顧客接受商品的品質、服務內容和定價時，就能提升顧客價值，讓顧客滿意。

KEY WORD ▶ QSP

▶▶▶QSP是顧客價值的三巨頭

行銷之父菲利浦・科特勒將顧客價值定義為「以最理想的方式將品質（Quality）、服務（Service）、價格（Price）組合起來」。

首先，最重要的是品質。無論是高科技產品，還是食品、衣服或車子，乃至於不動產到電影或書籍，一旦內容，也就是本質上的功能低於顧客的期待時，就絕對無法讓顧客滿意。其次是服務，這是指商品售後服務或待客之道、店舖舒適與否等表面上的功能。最後是價格。可想而知，價格愈高，顧客對商品的期待也會提高；反之，價格愈低，只需要給顧客一定程度的期待即可。取上述品質、服務、價格的英文首字母，就成為了顧客價值的三巨頭「QSP」。

然而，最重要的還是本質上的功能。就算金額再便宜、店面再乾淨，只要沒端出美味的料理，顧客就不會滿意。想當然，即使食物很好吃，但如果店裡不衛生、店員的態度很惡劣，還是無法讓顧客滿意。倘若價格貴到嚇死人，再歡樂的心情也會一口氣煙消雲散。換句話說，為了提高顧客價值，QSP三項要素缺一不可。

▶▶▶小心期待的門檻

廣告或宣傳等招攬客人的活動是行銷中不可或缺的一環。無論車子的性能再好，顧客不買來開的話仍舊毫無意義。問題是，如果把顧客對商品的期待值拉得太高，可能會有滿足不了顧客的風險，這點要特別小心。打出超出商品本質功能的廣告，也會提高顧客原本追求的門檻，這時也要善用顧客價值的三巨頭。仔細研究商品、服務的內容及價值是否符合顧客期待，設定出顧客能接受的門檻。只要根據設定好的門檻進行廣告或宣傳，就能減少低於顧客期待的危險性，提高讓顧客滿意的可能性。

提升QSP以增加滿意度

以電影為例

第○屆坎城國際影展得獎作品

在那個無法呼喚愛人名字的時代……

他的名字

顧客價值高

電影院座無虛席，票房收入也很亮眼。不僅延長了上映期，電影場刊等週邊商品也賣得很好。

顧客價值低

電影院裡幾乎沒有觀眾，票房收入也很慘淡。上映期不但被迫縮短，虧損的風險也變大了。

若能對Quality（品質）滿意

《他的名字》太好看了！

➡ 發表對電影有利的訊息

若能對Service（服務）滿意

貴婦人的肖像
今年春天上映！

➡ 就會再來同一家電影院

若能對Price（價格）滿意

➡ 甚至會反覆看同一部電影

12 增加回頭客以提升「顧客終身價值」

顧客為賣方帶來的綜合利益稱為「顧客終身價值」(LTV)。LTV愈高，顧客就會反覆利用自家公司的服務、消費大量自家公司的商品。換句話說，只要能增加回頭客，LTV也會提高。

KEY WORD ▶ LTV

▶▶▶解開LTV的方程式

顧客終身價值（Life Time Value＝LTV）被視為顧客價值的集大成，是根據顧客一生中能為自家公司帶來多少利益所計算出的數值。但是計算、加總每個顧客的營業額數據不是件簡單的事，既花時間又花成本。於是LTV這個方法於焉誕生。

其計算方法有好幾種，最具代表性的，是將顧客一整年的交易金額乘以收益率再乘以持續交易年數。假設A顧客每年購買10萬日圓的商品或服務，收益率為70%，持續購買20年的話，LTV即為140萬日圓。此外，還有從營業收入扣掉營業成本再除以購買人數，以及將顧客的平均購買單價乘以平均購買次數的方法。後兩種方法都是用行銷的全體顧客數據而非個別顧客來計算，所以並不難。

不過，接下來才是重點。利用根據LTV的方程式所

算出的數值，可以計算出行銷的核心，即「自家公司的獲利」。這個公式極為簡單，只要從LTV扣掉「獲得顧客需要花的成本」即可。不管是用哪個方程式計算出的數值，都可以套用此公式。換句話說，只要能提高顧客終身價值、降低獲得顧客成本，按理說就能擴大利潤。

有兩種方法可以提高LTV的數值，一是提升客單價，另一方法則是增加回頭客。為此，必須讓顧客成為自家公司的粉絲。提升自家公司的吸引力，讓顧客一直想購買自家公司的商品、接受自家公司的服務，這點至關重要。建立長期的信賴關係，讓顧客變成回頭客，創造更大的收益。爭取新顧客的成本並不低，還得搶走其他公司的顧客，所以這件事相當不容易。要把回頭客當成自家公司的寶物，小心維繫，不讓別家公司搶走，盡可能多增加一個顧客算一個，才能開創公司的未來。

為了提高LTV要培養回頭客

獲利 ＝LTV－獲得顧客的成本

為了提升這些數值，必須對商品或販售時的服務品質、讓店裡呈現出讓顧客容易上門的氣氛等多做一點努力。

① LTV ＝ 全年交易額 × 收益率 × 持續交易年數

這是用來計算 LTV 最具代表性的方程式，
但是要算出每位顧客的 LTV 非常耗費精神和成本。

② LTV ＝ 顧客平均購買單價 × 平均購買次數

③ LTV ＝（營業收入－營業成本）÷ 購買人數

用整體顧客的資料來計算 LTV，既不用太費神也不用成本，
所以通常採用②和③的方程式來計算。

增加回頭客
也能提高數值

獲得顧客的成本
新顧客 ＞回頭客

爭取新顧客的成本，
一般要比維持回頭客的
成本多花 5 ～ 10 倍。

若能增加回頭客，
不只能提升LTV，
也能增加收益

13 如何善用能提高滿意度的顧客管理「CRM」

行銷建立在持續與顧客維繫良好的關係上，因此需要關鍵的資料情報。統一管理各種顧客資料，迅速地滿足其需求，就能滿足顧客。CRM則是最適合用來實現顧客滿意度的工具。

KEY WORD ▶ CRM

▶▶▶統一管理各部門的資料

正因為每位顧客追求的東西及喜歡的東西都不一樣，盡可能滿足更多的顧客，建立良好的關係顯得格外重要。將普通的顧客培養成優良的顧客，也是努力讓行銷成功的目的之一。

因此，蒐集顧客的資料至關重要。在行銷多元化的現代，顧客可以透過千奇百怪的方法買到商品，或者進行搜尋和洽詢，有時還可能會提出客訴。除了直接在店舖購買之外，顧客也能透過網路、電話（客服中心）、郵購型錄等管道購買產品。然而，同一家企業內的各部門如果不願意互通有無，就無法有效率地運用顧客資料，可能會錯過好不容易送上門來的商機。

這時的重點在於，利用統一管理資訊的工具「Customer Relationship Management＝CRM」去整合銷售部門、業務部門和客服中心，有的行業甚至要連同海外部門的行銷資料都納入管理，好在需要之時派上用場。如此一來，企業就能掌握那位顧客現在在追求什麼、今後會有什麼需求，對此迅速地做出反應，實現顧客至上的理想。

▶▶▶活用方法與應該注意的事項

CRM是從顧客的性別、年齡、家庭成員、通訊地址、戶籍地址、興趣及專長等個人資料中，去網羅每項商品的購買紀錄、瀏覽紀錄、搜尋紀錄、使用狀況和詢問內容等行銷上需要的數據，提供最適合每位顧客的資訊。因為是仔細研究顧客有哪些需求後才送出訊息，所以顧客購買的可能性相當高。另外，CRM也能迅速地提供必要的資訊或服務給來到店裡的顧客，可藉此提升滿意度與信賴感，有助於建立起長期關係。只不過，建立資料庫需要耗費的精力與成本是很大的瓶頸。

只要能善用CRM就不會錯過商機

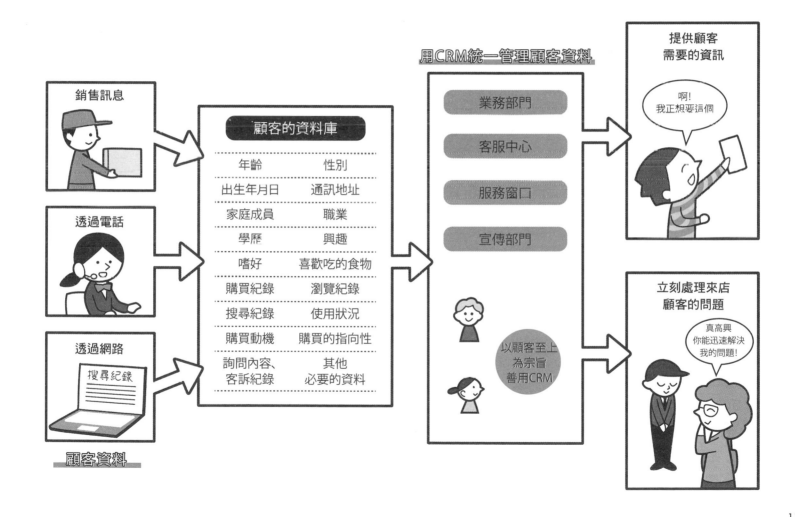

CRM的優點

透過實施PDCA循環來促進改善

迅速滿足顧客的需求

統一管理顧客資料以提升資料價值

透過與顧客的互動維持長期的關係

CRM的缺點

14 培養自家公司的粉絲「忠誠顧客」

假設利用CRM工具把原本只是一次性購買的過客，變成願意持續購買的優良顧客，便是行銷成功的第一階段。接著，就要將這些人培養成自家公司的粉絲，也就是珍貴的「忠誠顧客」。

KEY WORD　忠誠顧客、顧客忠誠度、忠誠度行銷

▶▶▶ 從優良顧客更進一步

大部分的顧客，都是基於某種動機才會買進某家企業的商品，例如剛好需要、看到廣告、因為便宜，又或者是憑直覺選擇。在這種情況下，倘若是出於本身意願而持續選擇自家公司的產品，這種人即為優良顧客。

假設善用CRM工具，持續提供符合顧客喜好的商品或其追求的服務，讓這個族群成為願意繼續購買的顧客，便是行銷成功的第一階段，那麼下一個階段就是要培養「忠誠顧客」。

忠誠顧客是顧客的最終型態，說穿了就是該企業的「粉絲」，對該企業具有絕對的信賴感，會持續購買新商品。倘若有很多忠誠顧客，該企業就能得到穩定的獲利。最大的特徵在於，顧客是基於自己的意志，主動向身邊的人推廣該企業商品有多好，並推薦他們購買。被推薦的人會成為

新顧客，經過優良顧客的階段後，成長為忠誠顧客，再催生出新的顧客……只要建立起這樣的循環，企業就能持續成長。那麼，有什麼方法可以讓優良顧客升級成忠誠顧客呢？

▶▶▶ 何謂忠誠度行銷？

為了培養出忠誠顧客，重點在於讓顧客對自家公司的商品產生「信賴」及「愛不釋手」的感覺，提高他們的顧客忠誠度。這種方法稱為「忠誠度行銷」。最有效的做法是，提供顧客參加活動的特權（即無形收益[Soft Benefit]）及優惠券，或打折、贈品等金錢上的回饋（即有形收益[Hard Benefit]），目的在於讓他們感受到該企業對自己的重視。還有，行銷宣傳也很重要。除了對產品的品牌印象之外，也必須多下點工夫，讓他們從店舖及廣告、社會貢獻等各種不同的角度感受到該企業的魅力。

提高顧客忠誠度很重要

讓客人成為粉絲的顧客行銷

為了增加營業收入，在開發商品或服務時，必須加入那些願意不斷使用或購買的顧客角度。
接下來為各位說明具體的方法。

01 從生活型態分析消費者的「VALS」

行銷學有一派意見認為，行銷策略應該著眼於個人的生活型態。在美國廣為流傳的「VALS」，便是用於衡量消費者生活型態或價值的分析手法。

KEY WORD ▶ VALS、AIO

▶▶▶個人的生活型態分成四大類

　　每個人都有各自的生活型態，在行銷學界推廣應用個人生活型態的想法，始於國際史丹佛研究所於1978年從「個人的價值觀」與「個人的生活型態」觀點進行的行銷分析，是為VALS（Values And Life-Styles）。

　　「VALS」是從「活動」、「興趣」、「意見」這三個要素來思考個人的生活型態，據此大致將人細分成四種類型，分別是「自我實現」、「內在動機」、「外在動機」，以及最後的「生活貧困」等四大族群。

　　另一方面，內在動機族群又分成「注重個人派」、「注重經驗派」、「注重社會派」，外在動機族群則分成「保守派」、「力爭上游派」、「到達者」等各三類。就連生活貧困的族群也分成「倖存者」與「貧困者」兩大類（以上沒有一定的翻譯，可能還有別的說法）。

▶▶▶分析行為模式的 AIO

　　然而，光是區分成這九個細項還無法完整判斷VALS，於是又導入了AIO（Activities Interest Opinions）的概念，也就是前面提到的「活動」、「興趣」、「意見」的意思。行銷分析就是要分析消費者從事什麼活動、對什麼感興趣、有什麼意見。事實上，這才是最重要的。

　　只不過，現實的生活型態調查必須從各方面加以分析。一個人是白天工作還是晚上工作，抑或是輪班制、喜歡宅在家還是喜歡出去玩、性格思想是保守或先進、對異性是肉食系還是草食系、愛吃肉還是愛吃魚，又或者是素食主義者、注不注重健康……諸如此類的分析面向多如過江之鯽，而且，不見得每次進行深入調查都能得到正確的解答。必須把VALS和AIO，以及奠基於兩者的生活型態加以分析，妥善地分開來善加利用。

著眼於意識到個人的「VALS」

VALS將個人的生活型態分成四類

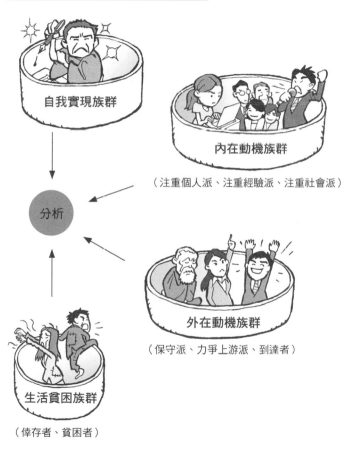

自我實現族群

內在動機族群

（注重個人派、注重經驗派、注重社會派）

分析

外在動機族群

（保守派、力爭上游派、到達者）

生活貧困族群

（倖存者、貧困者）

AIO的行銷分析

活動：
工作型態、興
趣、運動等

ACTIVITIES

INTEREST

興趣：
家庭、休閒活動、
流行趨勢等

分析

思想：
保守的、先進的等

OPINIONS

多元化的生活型態

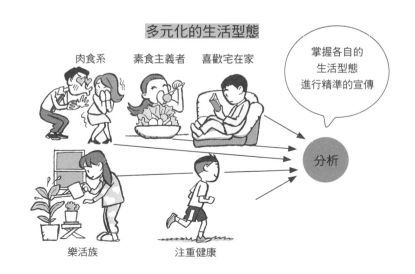

肉食系　素食主義者　喜歡宅在家

掌握各自的
生活型態
進行精準的宣傳

分析

樂活族　　　注重健康

02 消費者決定「要買這個！」之前的行為

消費者下定決心購買商品前，會經歷好幾個階段，因此「賣方」不僅要掌握消費者的行為模式，還得提供能滿足消費者的東西，對此，有個辦法可以作為參考。

KEY WORD ▶ 霍爾－謝思模式（Howard & Sheth Model）

▶▶▶霍爾－謝思模式的思考邏輯

有些人沒什麼特別想買的，就只是喜歡在店裡走走逛逛，但大多數人都是爲了要買東西才去店裡。這時要思考的，不止是讓原本就有意要買的人購買，也要讓沒有購買欲望的人買下商品的方法。「霍爾－謝思模式」是了解該怎麼做的方法之一。

這是指消費者經由哪些步驟買下商品或服務的流程，也有人說霍爾－謝思模式是足以代表管理用語S-O-R模式的範例之一。亦即有機體（Organism）受到刺激（Stimulus）產生反應（Response），也是「消費者接收到訊息，大腦處理訊息，經過學習後，下定決心做出反應（購買）」的思考邏輯。

以下帶大家看一個例子。假設以前買的字典已經太舊了，逐漸派不上用場，這時便會去書店，並在腦中輸入各種字典的訊息。

與此同時，消費者會運用感知力，判斷字體是否易讀、裝幀得好不好看（刺激）。這時，再掌握內容面（有機體），例如想知道的文字表現得夠不夠正確、對學習有沒有幫助等。基於以上的判斷，人這個有機體便會參考價格，做出差不多該買一本新字典的判斷，最終結果得出買一本新字典的「反應」。

再者，霍爾－謝思模式指出，購買欲望是經由①輸入訊息、②知覺構成概念、③學習構成概念、④輸出這四個步驟決定。這也是行銷上分析消費者行爲的基本概念，人會在得知商品訊息後，加以認識、思考是否要買進類似的商品，以及會有什麼結果（如果商品夠好就買進、如果不夠好就不買類似商品等）後，最終決定購買。

另一方面，消費者行爲模式又分成解決延伸性問題、解決特定性問題、日常的反應行動等三種。這也是解讀行銷特性時非常重要的方式，千萬不要忘記。

掌握消費者在決定購買前的行為過程

何謂霍爾－謝思模式？

① 輸入訊息
S-O-R模式所提的「刺激」。透過廣告而了解商品特性及價值等。

② 知覺構成概念
S-O-R模式所提的「有機體」。負責處理輸入的資訊。

決定要買！

③ 學習構成概念
S-O-R模式所提的「有機體」。負責決定要不要買。

④ 輸出
S-O-R模式所提的「反應」。亦即購買行為。

決定要不要買的三種型態

① 解決延伸性問題
如果要購買以前沒用過也沒買過的商品，通常會蒐集許多資料，進行比較。

② 解決特定性問題
如果已經理解商品內容，則會從釐清是否真為自己想要的商品的角度去搜尋、蒐集資料。

③ 日常的反應行動
如果是再次購買本來就經常消費的商品，便不用再蒐集資料，可以直接購買。

03 利用體驗行銷來刺激情緒

不只商品本身的價值，讓顧客實際使用之後，還能刺激顧客的感官，促進消費者活動，這種方式稱為「體驗行銷」。這是一種很有效的行銷策略，可以運用在各種的情況上。

KEY WORD 體驗行銷

▶▶▶網路時代重新受到重視的價值觀

近年來，利用網路購買商品的網路購物變得愈發普遍，另一方面，也必須重新審視著重雙向溝通的「體驗行銷」手法。

這是由哥倫比亞大學商學院教授博恩・H・史密特於1999年提倡的「透過實際體驗服務刺激消費者的心理」之概念，具體包含以下五大面向。

（1）SENSE……刺激消費者的感官，例如超級市場的試吃。
（2）FEEL……打動情緒的部分，例如藉由嶄新創意或細緻服務，讓消費者喜歡上品牌本身。
（3）THINK……喚醒消費者的好奇心或思考，例如利用服務時的感動或興奮。
（4）ACT……讓消費者在生活型態或肉體上有實際感受，

例如接受美容體驗而使外觀上實際有所變化等。
（5）RELATE……透過在群體中的交流或對明星產生共鳴，促使消費者對某群體產生歸屬感的追求。

▶▶▶讓顧客持續產生需求

相較於利用高級感、高性能，或優異的外型等表現來滿足消費者需求的「價值行銷」，藉由讓消費者使用產品或服務，訴諸其感動或滿足等感受部分的「體驗行銷」，則具有讓顧客的需求一直延續下去、而非只消費一次的效果。

配合商品並分別運用（1）～（5）的方向，再加以巧妙地結合，肯定可以得到更大的效果。

物質型消費與體驗型消費

物質型消費

重視擁有或消費商品的消費傾向。比較接近價值行銷的想法。

體驗型消費

重視經由購買商品所得到體驗的消費傾向。比較接近體驗行銷的想法。

五種體驗面向

① SENSE　　② FEEL　　③ THINK

鉤針編織現場實作會

④ ACT　　　　　　　⑤ RELATE

①訴諸視覺、聽覺、觸覺、味覺、嗅覺，例如食物試吃或衣服試穿皆屬此類。

②讓消費者喜歡上企業或品牌本身。不只品牌形象，商品或服務本身的品質也很重要。

③刺激消費者的好奇心或認知。現場表演的銷售手法或工作坊都是善用此方法的例子。

④透過飲食習慣或時間規劃，為消費者導入新的生活型態。

⑤提供能讓顧客與其心嚮往之的族群或文化產生連結的商品或服務。例如請名人當代言人。

04 靠創意殺出一條血路的「游擊式行銷」

游擊式行銷企圖以少額的預算有效地打響商品知名度。主要採取運用於公共場合、讓一般人大吃一驚或覺得不可思議而引起注意力的呈現手法。這種方式利用千奇百怪的創意，讓消費者對商品或企業留下印象。

KEY WORD 游擊式行銷

▶▶▶ 出乎一般人預料的方式

「游擊式行銷」這個字眼聽起來可能很陌生，但如果說知名歌手突然在鬧區街頭唱起歌來的「游擊演唱會」，大家可能就有耳聞過。歌手們舉辦游擊演唱會的目的在於，不只讓路人直接看到的現場演唱，還能讓更多人透過新聞或影片看見自己的表演，藉此提升CD或音樂下載的銷售量。

游擊式行銷也是相同原理，利用公共的場合，透過具有衝擊性的演出，讓更多人知道自家公司的商品。不同於請名人拍攝廣告，即使預算不多，也能靠創意得到莫大的效果，這便是游擊式行銷的迷人之處。

但為了賣出自家公司的商品，要怎麼宣傳才好？

要辦在什麼地方？利用平日還是假日？在哪個時段宣傳才好？

有沒有法律或道德上的問題？

包括調派人員的方法、準備期、當天上傳影片的程序在內，先擬好預算，再想出令人跌破眼鏡的點子。這部分沒有任何方法可以遵循，只有一個關鍵，亦即如何宣傳產品或企業的形象以增加顧客。

▶▶▶ 引起話題的知名企業實例

例如牛仔服飾大廠LEE在停車收費錶或人孔蓋披上牛仔褲，讓人對他們的產品產生印象；快乾膠品牌Loctite為了讓消費者理解自家公司的快乾膠強度，把硬幣黏在地上，讓想撿起來的行人大吃一驚。

還有家具廠商IKEA，他們將自家公司的家具設置於大街小巷，舉行「過好每一天」的促銷活動；日本的某家出版社嘗試聘僱一群工讀生，在電車的某一節車廂裡朗讀自家公司的某本書來作為宣傳活動。

這是只要夠有創意，就有無限可能性的行銷手法。

以低預算讓人印象深刻的游擊式行銷

最常見的方式，是稱之為「快閃」的游擊式表演。

範例② 牛仔服飾大廠LEE，用自家公司的產品裝飾街道，藉此宣傳牛仔褲。

範例① 速食店麥當勞，用超級大的紙袋提供商品，非常吸睛。

範例③ 家具廠商IKEA，用自家公司的產品，將公車站或車站月台布置成如客廳般舒適。

05 激起購買欲望的「置入性行銷」

「置入性行銷」作為一種行銷手法，在電影、電視或運動比賽中不著痕跡地宣傳自家公司的產品，讓消費者留下印象。現在因為數位化，剪輯影片的技術愈來愈進步，其效果更是不容小覷。

KEY WORD ▶ 置入性行銷

▶▶▶與歷史一起進化的手法

利用戲劇中商品去挑起消費者購買欲望，這種「置入性行銷」始於美國在1940～50年代拍電影時，拿實際存在的商品作為劇中道具的行銷手法。

拍攝於1955年的電影《養子不教誰之過》上映後，電影公司收到許多想買男主角詹姆斯‧迪恩在劇中用的梳子的影迷迴響，也讓世人認識到這種行銷方式。同樣地，奧斯頓‧馬丁或BMW等所謂的龐德車品牌也因電影《007》系列而大受歡迎，儘管商品要價昂貴，仍為提升企業形象及營業收入做出貢獻。

其實日本早在江戶時代，當時最高級的娛樂——歌舞伎就已經引進了置入性行銷。其中最知名的，莫過於活躍於18世紀中葉之前的二代目市川團十郎創作的劇碼《助六》，劇裡讓女主角喝下當時非常有名的醒酒藥「袖之梅」，或是讓主角的哥哥扮演釀酒商，特別在女兒節推出「山川白酒」，這些商品在當時都非常有名。

現代因為數位加工的技術一日千里，可以進行更大範圍的行銷。

▶▶▶能自由展示商品資訊的優點

將電影或戲劇製作成DVD時，劇中的有些商品可能已經過時了。但近年來，可以利用加工技術把特定場景換成別的畫面。

例如把劇中主角身後的背景——戲劇播出時最新的傳統手機海報，換成DVD發行時新上市的智慧型手機海報，就能增加銷量。只要在足球等國外運動賽事轉播時配合轉播的國家，於體育場的觀眾席牆面打出贊助商的廣告，原本看不懂外文、不知要表達什麼的廣告就會變成最佳的商品宣傳機會，優點多多。

與電影戲劇融為一體，看起來不像廣告的宣傳手法

置入性行銷的歷史

1940～50年代

據說最早是向企業借商品,充當美國電影裡的小道具。

1955年

詹姆斯.迪恩在電影《養子不教誰之過》裡飾演的男主角,其使用的梳子掀起話題。

1982年

出現在電影《E.T.》裡的糖果,被視為第一個用於商業上的例子。

1989年

動畫電影《魔女宅急便》裡,以大和運輸為首,作品中出現許多廠商實際販賣的商品。之後置入性行銷便在日本國內逐漸普及。

2019年

電子商務網站「collepochi」(これポチ)開發出可以第一時間買到電視戲劇中商品的應用程式。

優點有
① 觀眾無法跳過廣告
② 出現在劇中的商品,有助於提升各自的品牌形象
③ 廣告費用較便宜

置入性行銷的種類

出現了可以在第一時間買到劇中商品的應用程式。

轉播體育賽事時,可以配合不同的轉播國去置換廣告。

出現在動畫電影《魔女宅急便》、《你的名字。》裡真實存在的飲料或泡麵賣得非常好。

電影《007》系列中,主角開的車款大發利市。

倘若電影或戲劇上映時的商品已過時……

DVD可以置換成最新的商品影像。

06 將討厭強迫推銷的消費者變成顧客的方法

許可式（同意）行銷是徵得顧客的同意，擴大商機的行銷手法。這也是讓顧客基於自己的意願所買下該企業商品的方式。

KEY WORD 許可式行銷

▶▶▶ 利用三個要素取得「同意」

雖然可以抓到一定程度的目標顧客，但從行銷的世界裡，發送數量與實際售出的比例來看，通常還是離不開機械化寄送廣告信的範圍。想當然，大部分的消費者都很討厭廣告信的攻擊，甚至有人會把宣傳郵件當作垃圾信，直接拒於千里之外。

然而，在排斥廣告信的茫茫人海中，也有許多人有機會成為優良顧客。徵求這個客層的同意，與其建立關係的手法稱為「許可式行銷」，該手法必須具備以下三大要素。

首先是「期待」。讓顧客對自家公司產生興趣，迫不及待地想收到新商品或新服務的通知。

其次是「個人化」。配合每個人的情況，傳遞適合他們的訊息，增加其信賴感、建立感情，讓顧客對自家公司有別於其他公司的好感。

最後是「適度」。在提供顧客可能感興趣的商品或服務資訊，並藉此分析顧客現階段想要的產品或接下來想要的產品時，這一點便至關重要。

為了不要干擾顧客的消費者行為，尊重每一位顧客的意見，加深彼此的關係，只要日積月累地徵求對方的同意，就能培養出更優良的顧客。為此，需要以下五個步驟。

第一個步驟是，提供顧客有興趣的商品資訊。如果收到自己想要的產品、必要的服務詳情，想必會更仔細地研究商品資訊。第二個步驟，則是說明顧客感興趣的自家商品之特性或服務內容；第三個步驟是加上顧客充滿興趣的商品資訊，徵求其同意。

第四個步驟是，補充顧客可能會感興趣的其他商品資訊，重新徵求其同意。第五個步驟則是繼續徵得顧客的同意，提高顧客的購買欲望，最後讓顧客成功消費。換句話說，奠基於信賴之上的持續性關係，能有助於成功地行銷。

得到顧客同意的五步驟

期待	個人化	適度
向A小姐表示理解她對企業的期待	傳送符合A小姐特質的訊息	提供A小姐感興趣的資訊

潛在顧客A小姐

- 30歲出頭
- 單身
- 任職於公關單位
- 皮膚很敏感,屬於過敏體質
- 對化妝品的要求很嚴格

步驟 1　準備好A小姐可能會感興趣的商品資訊等

步驟 2　向A小姐說明她感興趣的商品特性或服務內容
這是對肌膚很溫和的產品

步驟 3　充滿興趣的A小姐表示同意(許可)

步驟 4　補充其他商品的資訊,再次徵詢其同意
這款商品還具有防曬效果

步驟 5　繼續取得A小姐的同意,一步步提高其購買欲望

07 將潛在顧客變成回頭客的「集客式行銷」

「集客式行銷」是提供顧客需要的資訊，創造讓顧客主動找上門的商機。最大的優點在於，可以鎖定需要商品的顧客，有助於更有效率地開拓事業版圖。

KEY WORD 集客式行銷

▶▶▶善用社群網站或影片提供訊息

利用社群網站、部落格或影音網站等可以讓人輕鬆享受資訊的工具，引起顧客的興趣，讓顧客主動點進企業網站的手法，稱為「集客式行銷」。但企業為何要透過各種媒體來提供資訊呢？

因為現代人幾乎都會使用「搜尋」的方式，尋找自己想知道的資訊。那個階段的使用者對企業而言都是陌生人（Strangers）。因此，只要企業提供的資訊剛好是使用者所需的內容，原本只是陌生人的使用者就會轉變成自家公司社群網站或影音網站的訪客（Visitors）

換言之，企業必須提供能吸引（Attract）訪客的產品或服務資訊，將對產品感興趣的人轉變成潛在顧客，再根據主動上門的顧客資料，讓他們理解滿足其需求的產品訊息，方能將他們轉換（Convert）成潛在客戶（Leads）。

然後，再根據每一位顧客的個人資料，導出他們應該

會感興趣的商品或服務資訊並寄給他們（Close）。因為這些客層是點進網站時已抱持興趣，或是本身就有所需求，因此只要持續給予適度的訊息，就能讓他們感到更有興趣或覺得更有必要，大幅度提高他們購買的可能性。

▶▶▶顧客又帶來顧客的良性循環

當企業網站完成最後一個步驟，創造出新的顧客（Customers）後，集客式行銷終於得以發揮其精髓。

即使顧客買下產品，也要繼續提供各式各樣的資訊，盡可能取悅（Delight）顧客，顧客就會願意繼續購買自家公司的產品，進而成為回頭客。不僅如此，可能還會進化為主動在社群網站或部落格介紹產品的推廣者（Promoter）。

透過口碑行銷來提升顧客對商品的認知度及評價，對營業收入的貢獻比任何廣告都大。顧客不斷帶來新顧客，這樣的高收益循環可以說是集客式行銷的最終目的。

藉由提供資訊增加回頭客

08 從購買數據找出優良顧客的「RFM分析」

將各式各樣的顧客資料建立成資料庫，並加以活用，以增加現有顧客或其消費金額的方法，稱為「資料庫行銷」。根據RFM分析得到的方向，再透過一對一行銷來滿足顧客的需求。

KEY WORD ▶ 資料庫行銷、RFM 分析、一對一行銷

▶▶▶利用RFM分析進行有效宣傳

沒人能知道顧客與自家公司的關係今後會變成如何，過去的消費金額再高，倘若最近的購買紀錄很少，就稱不上優良顧客。反而是購買經歷尚淺，但消費額逐漸增加的顧客更值得期待。

為這些顧客紀錄建立資料庫，並將之運用在行銷上，是做生意的基礎，問題在於要用何種分析方法。「RFM分析」是顧客分析中經常使用到的手法，R（Recency）是最近一次購買商品的日期、F（Frequency）是購買商品的頻率、M（Monetary）是購買商品的累計消費金額，比較R、F、M的數值，分析該顧客的現狀。

如果R是幾天前，表示顧客與自家公司在時間上的關聯性很高，若間隔拉開至一個月或一年，表示關聯性愈來愈低。

如果F是一週一次，表示購買頻率高於一個月一次或一年一次，可將其視為願意積極地利用自家公司的商品或服務的顧客。

M則是指顧客在自家公司花了多少錢的總金額。

假設R為三天前、F為一週一次、M為一百萬日圓，代表該顧客是最近才以高度頻率與自家公司進行大筆交易的優良客戶，要優先維繫與這種顧客的關係。反過來說，如果R是半年前、F為一年一次，M不到一萬日圓的話，或許就不能視為重要的顧客。

一對一行銷是最適合善用顧客分析的資料庫行銷手法，因為能提供每一位顧客需要的商品或服務，有助於提高顧客滿意度。另外，因為主要費用只有在建立資料庫，所以成本也很低，而有很高機率達成顧客至上的行銷目標這點也很吸引人。

利用電視或雜誌廣告等主流媒體的大眾行銷（Mass Marketing）與其互為對照。大眾行銷可以比資料庫行銷接觸到更大範圍的消費者，但是不僅需要成本，花費的成本也不一定能反應在商品收益上。

掌握顧客資料，進行一對一行銷

用RFM分析掌握顧客的狀況

R （ Recency ）＝上次購買商品的日期

F （ Frequency ）＝購買商品的頻率

M （ Monetary ）＝購買商品的累計消費金額

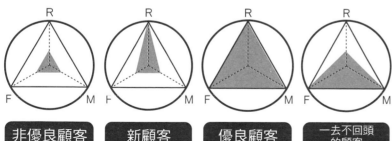

非優良顧客	新顧客	優良顧客	一去不回頭的顧客
R、F、M的層級很低	R的層級很高，但F、M的層級很低	R、F、M的層級很高	F、M的層級很高，但R的層級很低

大眾行銷

大眾行銷是利用電視等主流媒體，不只優良顧客，連新顧客及非優良顧客，甚至是一去不回頭的顧客全都一網打盡的行銷手法。

成本很高, 但不見得能帶來收益！

一對一行銷

分析顧客的購買紀錄及行為模式（RFM 分析等），配合顧客的屬性或嗜好進行行銷。給常客的「贈品」也包含在內。

新顧客	優良顧客	一去不回頭的顧客
●建議他們辦集點卡或下載應用程式。 ●提供新商品的簡介。	●招待他們參加特賣會或給一些宣傳品。	●定期寄送傳單，努力將其培養成回頭客。

09 以顧客需求為起點的行銷手法

不僅從顧客的需求出發，還要有效地整合公司內外的資源，讓全體員工都認識、分享、整合現在的狀況，甚或今後的經營方針和社會定位的手法，稱為「全方位行銷」。

KEY WORD ▶ 全方位行銷

▶ ▶ ▶ 用四個要素來分析

所謂行銷，指的是為創造、表達、傳遞、交換對顧客、合作對象或整個社會都有價值之「物品」的活動、制度和過程。如果要簡單扼要地定義，由四個要素組合而成的「全方位行銷」就是答案。

第一個要素是**關係行銷**。除了利用CRM工具提高與顧客的關聯性，也必須與合作對象、代理商、零售商（通路業者或物流業者）、股東等單位建立長期且良好的關係。

第二個要素是**整合行銷**。意指產品內容、價格設定、物流系統、宣傳活動的行銷組合，再加上促銷或直效行銷、面對面銷售等，擬定統一的行銷策略。

第三個要素是**內部行銷**。這是對公司員工的行銷，從幹部或員工的行銷教育，到讓他們認識自家公司在市場上扮演的角色及經營方向等，藉此統一公司內部的意見。

第四個要素是**社會責任行銷**。這是站在企業能對社會負起哪些責任的角度所做的行銷，主要是公益活動或環境保育等方式。目的是為了取之於社會、用之於社會。

▶ ▶ ▶ 滿足顧客期待的意義

重點在於不要一味追求企業的利潤，而是以顧客為首，包括整家公司內外的所有人，乃至於整個社會都是行銷的對象。顧客和企業都是社會的一份子，說穿了，構成企業的人也是其他企業的顧客。

只要滿足以上四大要素，就能提高顧客佔有率、顧客忠誠度、顧客終身價值（LTV），同時追求企業的利益與成長。另一方面，這家企業的員工也是別家企業的顧客，因此也有讓大家都能感到滿足、得到社會貢獻的好處、變得幸福等優點。

不止顧客及合作對象，整個社會都是行銷對象

關係行銷
與顧客及合作對象、供應商乃至於股東建立起長期的關係。

整合行銷
統合物流及促銷等的行銷組合。

全方位行銷
由四個行銷活動融合而成，以提高顧客忠誠度為目的。

運輸

內部行銷
目的是讓幹部及員工認識自己公司有什麼目標及任務。

社會責任行銷
從事公益活動或環境保育等取之於社會、用之於社會的行為。

10 「NPS®」是將顧客黏著度數值化的指標

「NPS®」指標是在第一時間衡量「顧客滿意度」的分析方法。利用顧客回函的資料，迅速地以數值呈現出顧客對產品、店舖及促銷活動等的評價，因此能迅速地做出行銷應對。

KEY WORD ▶ NPS®

▶▶▶ 如何算出 NPS®

如果想知道顧客滿意度，最快的方法莫過於直接問本人。但是要一個個詢問，不僅花時間、精力與成本，可能也會讓顧客感到有壓力。

這時由貝恩策略顧問公司提出的淨推薦值「NPS®」（Net Promoter Score）就派上用場了。先寄「您會向親朋好友推薦這項產品嗎？」的問卷給購買產品的顧客，請他們用0（低評價）到10（高評價）分成11個階段打分數。因為只要選擇數字即可，不會對顧客造成負擔，也很容易加總計算。

接著，再把11個階段的評價分成3個部分，0～6分為批判者（Detractor）、7～8分為中立者（Passive）、9～10分為推薦者（Promoter）。換言之，願意率先向周遭推薦商品的顧客會打9到10分。而從9和10的顧客人數百分比減掉只給0～6分、亦即對商品不甚滿意的顧客人數百分比，該

數值就是NPS®。

假設總顧客數有100人，打9或10分的顧客有90人、打0～6分的顧客有30人，NPS®就是60。這個數字愈大，表示顧客滿意度愈高。另一方面，這個數字也是顧客對自家公司的忠誠度指標。不僅顧客滿意度，能評估顧客忠誠度也是NPS®的優點之一。

▶▶▶ 什麼是最恰當的運用方法？

NPS®最大的好處在於，無需多少時間就能計算出來，以及倘若計算得夠精準，還能第一時間反應在行銷上。

假使顧客滿意度的數值低於預期，就可以立刻採取對策，分析原因是出在產品內容有問題、價格不對，還是顧客的期待值拉得太高等，這也是NPS®的優勢。

除此之外還能改弦易轍，轉為培養推薦者（Promoter），這也是行銷的使命之一。Apple、奇異及美國運通等名聞遐邇的企業都採用這套方法。

讓顧客支持度可視化的NPS®

推薦者的人數百分比減去
批判者的人數百分比,
就可以得到NPS®的數值。
可以馬上數字化,
所以也能迅速地採取對策。

11 將遊戲的要素運用在行銷上

近年來，包括智慧型手機在內，使用手機上網愈來愈普遍，從小孩到老人都會玩手機遊戲。大家可能會以為這跟行銷無關，其實行銷的竅門就藏在遊戲裡。

KEY WORD 遊戲化、巴特爾測試

▶▶▶為使用者製造動機的「遊戲化」

遊戲化是指設計遊戲系統時，為了確保使用者人數之知識技術，並將其應用在遊戲以外的地方。

英國的遊戲研究者理查·巴特爾（1960年～）提倡的「巴特爾測試」，便是可以實際應用該知識技術的具體範例。這個測試將人分成以下四種類型。

● **Achiever（成就型玩家）**

因「達成」什麼目標而感到滿足的玩家。

● **Explorer（探索型玩家）**

因「探索」未知的領域而感到滿足的玩家。

● **Socializer（社交型玩家）**

因與其他玩家建立關係而感到滿足的玩家。

● **Killer（殺手型玩家）**

因打敗其他玩家而感到滿足的玩家。

各種類型的玩家在遊戲中追求的要素都不一樣，因此，只要能設計出可滿足各類玩家的遊戲，就能吸引更多玩家來玩。

應用在行銷上的例子，例如設定達成目標，依綁約的持續年數可以獲得相應獎品，或是加入與其他玩家競爭的排行榜。在旋轉壽司店可以看到的空盤抽獎，便是遊戲化的一種做法。簡而言之，遊戲化的重點在於加入各種好玩的元素，促使消費者購買、繼續使用商品或服務。

應用巴特爾測試的遊戲化行銷

巴特爾測試的四種分類	遊戲化的應用實例

● Achiever（成就型玩家）

因「達成」什麼目標
而感到滿足的玩家。

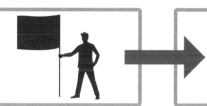

設定蒐集寶物、
獲得稱號等成就報酬。

● Explorer（探索型玩家）

因「探索」未知的領域
而感到滿足的玩家。

加入隱藏大獎等驚喜要素。

● Socializer（社交型玩家）

因與其他玩家建立關係
而感到滿足的玩家。

提供能讓使用者
發揮互助功能
或留言板等交流場所。

● Killer（殺手型玩家）

因打敗其他玩家
而感到滿足的玩家。

加入與其他玩家競爭的
對戰或排行榜機制。

12 「無限貨架」讓你不再有庫存的困擾

隨著網路普及，由各企業架設的電子商務網站被當成與實體店舖不一樣的存在，物流及庫存管理的系統也各自獨立。近年來，更導入了消除線上與線下的區別，利用整合管理以追求效率化的結構。

KEY WORD ▶ 全通路行銷、無限貨架

▶▶▶整合銷售與通路的「全通路行銷」

在急速科技化的現代，企業不僅有實體店舖或客服中心這種線下通路，也能透過電子商務網站或社群網站等線上通路，與使用者建立關係。當上網購物逐漸變成消費方式的主流，企業也開始打破傳統的線上／線下的疆界，整合物流系統、分享顧客資料。像這樣消除線上與線下的區別，通路之間相互合作把東西賣給顧客的手法，稱爲「全通路行銷」（Omnichannel）。

▶▶▶利用「無限貨架」管理庫存

被稱爲「無限貨架」（Endless Aisle）的庫存管理方法，便是全通路行銷的具體範例。這是整合管理實體店舖與電子商務網路的庫存，即使店裡沒有存貨，也能從設置於現場的平板等裝置在電子商務網站下單的運作系統。

無限貨架的優點在於，能透過電子商務網站提供因空間有限、實體店舖擺不下的各種尺寸及各種顏色的商品。還有，即使實體店舖已經賣到缺貨，也能當場立刻透過電子商務網站訂購，因此比較不容易被客訴。除此之外，也能避免顧客因缺貨買不到商品而投向別家店的懷抱。

包括美國的梅西百貨在內，歐美的百貨公司率先採用無限貨架，近年來，日本也有愈來愈多公司導入（例如7&I控股及J. FRONT RETAILING集團）。不過，無限貨架頂多只是爲了實現全通路行銷的手段之一。爲了更有效率地管理通路及庫存，必須擬定全方位的策略，好讓所有通路都能順利地攜手合作。

利用無限貨架有效率地管理庫存

● 實體店舖

	S	M	L
紅	○	×	×
藍	×	○	×
綠	×	×	○

空間有限的實體店舖裡，只準備包括試穿用的極少量商品，而沒有存貨的商品再經由電子商務網站下單，直接寄給顧客，省下商品經由實體店舖送到顧客手中的時間與通路成本。

實體店舖沒有的商品，可經由電子商務網站下單

● 電子商務網站

	S	M	L
紅	○	○	○
藍	○	○	○
綠	○	○	○
黃	○	○	○
棕	○	○	○

13 「展示店」是電子商務與實體店舖的融合策略

精通網路的年輕一代有不少人會先去實體店舖確認商品的內容，再上網購買價格更便宜的商品，稱為「展示廳現象」。

KEY WORD 展示廳現象、展示店、反展廳現象

▶▶▶ 對實體店舖造成衝擊的「展示廳現象」

走訪實體店舖、實際看過商品，但最終不在那家店購買，反而上網訂購的行為，稱為「展示廳現象」。

對使用者而言，這是很合理的行為，因為網路上的價格通常比較便宜，而且還不用大老遠從實體店舖把商品搬回家。

另一方面，對店家而言，如果消費者是從自家公司的電子商務網站買進商品也就算了，只怕消費者利用的是別家公司的網站，那可就虧大了。

相反地，也有人會先在網路上蒐集商品資訊，再去實體店舖購買商品，稱為「反展廳現象」。實體店舖的優點在於能親眼看到商品、親手摸到商品。不過，消費者確實也沒必要非得當場買下商品不可。那麼在未來，實體店舖究竟該扮演什麼角色呢？

▶▶▶專門用來幫助消費者選購商品的「展示店」

企業中也有配合名為展示廳現象的消費者行為，對實體店舖的功能進行改革的例子。這些店舖稱為「展示店」，一面加強試穿或接待客人等實體店舖才有的功能，一面加強與自家公司的電子商務網站合作（全通路化），藉此提供順暢的購買體驗給使用者。

再說得具體一點，像是提供掃二維條碼就能預約試穿自己看上的衣服，或是利用智慧型電子看板中的虛擬人物，讓他們穿上自己喜歡的衣服，以省去試穿的麻煩等服務。買下商品後，也能選擇是要當場帶回家，還是請對方送到自己家裡，同樣能滿足展示廳現象的使用者。

如此透過實體店舖將消費者引導到自家公司的電子商務網站，有助於加強籠絡過去沒有爭取到的顧客、增加營業收入。

新的購物型態

● 展示廳現象

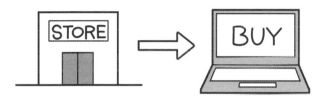

只在實體店舖確認商品，回頭再上網購買。

● 反展廳現象

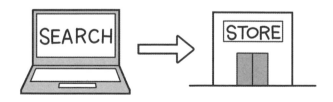

先在網路上蒐集商品資訊，再去實體店舖確認、購買。

● 展示店

與電子商務網站合作，讓消費者能順利地試穿或選購商品的店舖。也能請店家將購買的商品寄到家裡。

親切的態度

掃二維條碼
預約試穿

讓智慧型電子看板中
的虛擬人物試穿

Chapter 6

向世界最先進的企業
學習成功策略

以Google、Apple、Facebook、Amazon為首的高科技產業大躍進的背後，
都存在著徹底執行的行銷策略。接下來就為各位解說世界最先進企業的成功策略。

01 以免費策略提高廣告價值的Google

日常生活中早已少不了各種Google的相關服務。Google幾乎每年都在擴大規模，成長動能來自於免費提供服務的廣告業務。其2020年的廣告收入居然是日本整個廣告業界的3倍。

KEY WORD 展示廳現象、展示店、反展廳現象

▶▶▶ Google 的營業額是日本總廣告費的 3 倍

即使不熟悉網路，應該也沒有人沒使用過Google的相關服務。Google搜尋或Google地圖、Google地球、街景服務、YouTube、Gmail等，不僅商務面，就連日常生活也已經離不開Google了。

Google最大的特色，就在於所有服務皆為免費提供的免費策略。Google的收益來源並非使用費，而是透過各種服務夾帶的網路廣告來獲利。

觀察Google的母公司Alphabet在2020年的財務報表，其營業收入約1825億美元（編注：近6兆台幣）。再仔細分析內容，Google搜尋及Gmail、Google地圖、YouTube的廣告收入，以及在Google AdSense、Google Ad Manager刊登廣告的收入，加起來約1470億美元（編注：近5兆台幣），佔總收入約80%。

另一方面，日本2020年的總廣告費為6兆1594億日圓

（編注：當時約1兆6千億多台幣）。上述金額不只網路，還包括電視、報紙、雜誌、廣播及宣傳媒體廣告等全部的廣告費用。也就是說，Google的獲利機制能創造出相當於日本總廣告費3倍的營業收入。

▶▶▶ 成長祕訣在於 Google 獨特的管理方法

其總廣告費最值得關注的地方，是相較於日本的網路廣告費約2兆2290億日圓，Google的廣告費用是日本的7.2倍。因為日本的廣告業界自戰後以來已有75年的歷史，Google從2001年才開始。儘管市場規模不同，但Google以不到三分之一的時間就達成3倍的營業收入。

成長的祕訣在於Google採用「70對20對10」的管理方法。這是將70%的資源投資於核心事業、20%投資於成長性產品、10%投資於新專案的手法。Google利用廣告收益加強核心事業，在增加使用者、提高廣告價值的同時，也能充當新事業的資金，得以繼續成長。

Google各種廣告的營業收入

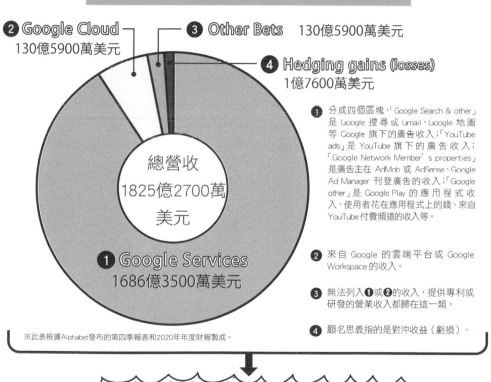

Alphabet公司（Google的持股公司）2020年財務報表

❷ Google Cloud
130億5900萬美元

❸ Other Bets 130億5900萬美元

❹ Hedging gains (losses)
1億7600萬美元

總營收
1825億2700萬美元

❶ Google Services
1686億3500萬美元

❶ 分成四個區塊，「Google Search & other」是 Google 搜尋或 Gmail、Google 地圖等 Google 旗下的廣告收入；「YouTube ads」是 YouTube 旗下的廣告收入；「Google Network Member's properties」是廣告主在 AdMob 或 AdSense、Google Ad Manager 刊登廣告的收入；「Google other」是 Google Play 的應用程式收入、使用者花在應用程式上的錢、來自 YouTube 付費頻道的收入等。

❷ 來自 Google 的雲端平台或 Google Workspace 的收入。

❸ 無法列入❶或❷的收入，提供專利或研發的營業收入都歸在這一類。

❹ 顧名思義指的是對沖收益（虧損）。

※此表根據Alphabet發布的第四季報表和2020年年度財報製成。

營收約80%（1470億美元＝16兆262億日圓※）皆與廣告有關
※以1美元兌109.02日圓來計算

與日本2020年的廣告費做比較

約日本總廣告費的2.6倍！

16兆262億日圓

6兆1594億日圓

日本的總廣告費

Google的廣告營收

（注）2020年因新冠肺炎的疫情影響，造成很多活動都停止舉行，日美雙方的廣告皆有盡量低調的傾向，但Google因為人們都待在家裡，YouTube的廣告收入反而比前一年增加。

02 Google分析的再行銷

提到足以代表數位行銷的手法，通常會想到分析使用者的行為紀錄，即提供訊息的「再行銷」。Google利用這個手法，展開了巨大的網路廣告事業。

KEY WORD ▶ 再行銷、Google 分析

▶▶▶鎖定目標播放定向廣告

數位行銷的「再行銷」，是指針對已經造訪過廣告主網站的使用者再次行銷的功能。根據造訪廣告主的網站及應用程式、影音網站的紀錄，將其做成名單，鎖定目標，投放定向廣告。此舉能對以前造訪過網站、但終究沒買下商品的使用者推銷別的商品，或者向現有的使用者介紹新商品或提供優惠資訊。

標準的再行銷不只能再次向使用者投放廣告，還能在網站上設置再行銷用的標籤，製作使用者名單。如果是應用程式的再行銷，則是可以提醒處於休眠狀態的使用者，也可以將使用者使用專用軟體的行為紀錄可視化，投放適合的廣告。如果是影片的再行銷，則是根據YouTube等紀錄投放廣告。

Google免費提供的「Google分析」，是解析這類瀏覽紀錄的代表性工具。Google分析是橫跨好幾個伺服器，監視瀏覽動向的網路信標型工具，可以解析搜尋過的關鍵字詞、上一個看的網站、最先打開的網頁、在網站上的移動途徑、網頁解析度、瀏覽器、連線、網路業者、國家、地區、點擊廣告的數量等資訊。

▶▶▶Google廣告業務的祕密

Google之所以能在網路廣告維持高市佔率，其祕密在於善用再行銷。Google的搜尋服務很有名，但廣告與搜尋密不可分。例如網路上的使用者利用Google網站時，會在搜尋欄位輸入「模型」、「蜘蛛人」之類的關鍵字。

如此一來，Google會在搜尋結果的畫面顯示與那個關鍵字有關的商品廣告。廣告主（這裡是指販賣模型相關商品的業者）就能利用Google分析，有效地對已過濾的消費者族群打廣告。

再行銷的概念

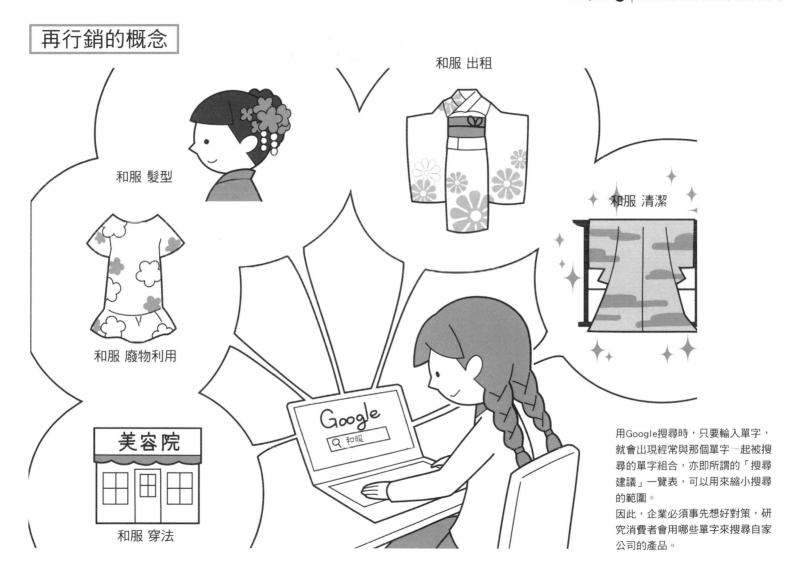

和服 出租

和服 髮型

和服 清潔

和服 廢物利用

美容院

和服 穿法

Google

和服

用Google搜尋時，只要輸入單字，就會出現經常與那個單字一起被搜尋的單字組合，亦即所謂的「搜尋建議」一覽表，可以用來縮小搜尋的範圍。

因此，企業必須事先想好對策，研究消費者會用哪些單字來搜尋自家公司的產品。

03 Google AdSense的「長尾策略」

數位行銷與傳統的行銷有什麼不同呢？差別就在於讓購物網站成長為巨大的產業，並掌握「長尾效應」的AdSense廣告。

▶ ▶ ▶ 爭取到一般顧客的管理系統

「Google AdSense」是Google另一個強大的管理系統。這是請Google以外的企業或個人等第三方軟體或外掛程式，提供部分網站或部落格，讓Google刊登廣告的定向廣告系統。

Google以人工智慧分析提供廣告欄位的網站內容，分析造訪該網站的使用者紀錄等，從廣告主花錢製作的廣告中，顯示使用者可能會感興趣的資訊。

每當造訪該網站的使用者點擊廣告，提供廣告欄位的人就能收到報酬，而每次點擊的廣告費用依類型或呈現的廣告而異。提供廣告欄位的人只須在網站上張貼Google AdSense的標籤即可，但是要事先接受審查，也有一些網站類型不能設置標籤。

Google AdSense跟以小規模的創業者為顧客、助其擴大市場的網路廣告一樣，鎖定過去沒有處理過廣告業務，也就是所謂的一般人。這種一般顧客單獨的營業額雖然不高，但加起來總數相當多，是其特徵。這也是廣告產業所謂的「長尾效應」。

經濟學家維爾弗雷多・帕雷托（1848～1923年）提出，20%的要素是由全體的80%創造出來的「二八定律」。這是指在庫存有限的實體店舖中，20%種類的商品佔80%營業收入之意。

另一方面，《連線》雜誌的前總編輯克里斯・安德森則表示，省下庫存與通路成本後，有些購物網站甚至會販賣那種一年頂多只能賣出一件的商品。

若將營業收入和商品種類兩者畫成圖表，商品種類多如天上繁星的購物網站，其橫軸就像恐龍長長的尾巴（Long Tail）。

透過Google AdSense掌握訴求十分明確的利基商品，這種長尾效應可說是購物網站得以成長為巨大產業的祕訣。

實體店舖與購物網站的商品數量

實體店舖要面對的問題

● 為防範火災等緊急時刻，必須確保逃生路線暢通。

● 必須在店內規劃讓工作人員待命、休息的空間。

● 必須有堆放存貨的空間。

為了滿足以上這些條件，
需要有一定面積的店舖空間，面積愈大，
房屋稅或房租等費用也愈高，
還得花費經營管理的人事成本。

不僅如此

相對於店舖的基地面積，
可以陳列商品的面積也會受限。

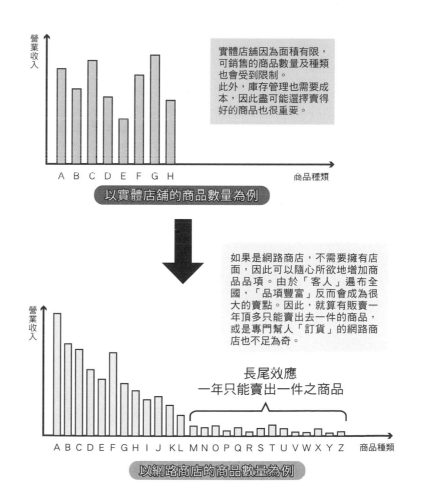

實體店舖因為面積有限，可銷售的商品數量及種類也會受到限制。
此外，庫存管理也需要成本，因此盡可能選擇賣得好的商品也很重要。

以實體店舖的商品數量為例

如果是網路商店，不需要擁有店面，因此可以隨心所欲地增加商品品項。由於「客人」遍布全國，「品項豐富」反而會成為很大的賣點。因此，就算有販賣一年頂多只能賣出去一件的商品，或是專門幫人「訂貨」的網路商店也不足為奇。

長尾效應
一年只能賣出一件之商品

以網路商店的商品數量為例

04 拿位置資訊來做生意的Google地圖

Google地圖在搜尋如何前往目的地或所在地周圍的餐飲店時，是非常好用的地圖服務，此外還有透過照片確認風景、街景的「街景服務」功能，因此有非常多的使用者。

KEY WORD ▶ Google 地圖、Google 商家檔案

▶▶▶利用Google搜尋來誘導使用者

「Google地圖」是數位行銷中，透過與實體店舖連動的搜尋服務而大獲成功的範例。據說手機用戶連上網路時，最常使用的就是Google地圖。當然，除了Google以外，許多公司都有地圖服務，但Google地圖能與利用Google搜尋的店舖資訊連動，十分方便；另外，將手機用戶引導到店舖所在地的導航功能也很好用。

即使是店址在郊區、過去處於劣勢的商店，也能在使用者眾多的Google地圖上打廣告，將其使用者引導過去，發揮提升集客力及營業額的效果。這時的重點在於，使用功能比傳統Google廣告更強大的Google本地搜索廣告。用行動裝置的Google地圖搜尋店家時，以紅色方框顯示的店舖icon，就是使用了本地搜索廣告的商店。本地搜索廣告不只會刊登使用者的評論，用手機瀏覽時還會出現斗大的聯絡電話按鈕，並支援Google地圖的導航服務。

商店如果想將自己的資訊上傳至Google本地搜索廣告，必須先有「Google商家檔案」和Google廣告帳號。只要事先註冊Google商家檔案，就能讓店舖資訊顯示在Google搜尋及Google地圖等Google各種的服務裡。而且，在Google廣告投放關鍵字廣告，也能使用本地搜索廣告，讓更多人看到訊息。

註冊方式極為簡單，先免費輸入Google商家檔案需要的資料，接著再連結Google廣告與商家檔案。設定讓Google廣告顯示地址的選項，然後再登錄本地搜索的關鍵字。這麼一來，就能用Google廣告投放關鍵字廣告。

當手機使用者被本地搜索廣告吸引過來，點擊「取得詳細資料」或「規劃路線」、點擊致電或連上店家網站時，就會產生費用。費用多寡依點擊次數而異，對店舖本身的負擔並不高，是非常有效率的服務。

在Google地圖打廣告的好處

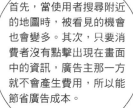

首先,當使用者搜尋附近的地圖時,被看見的機會也會變多。其次,只要消費者沒有點擊出現在畫面中的資訊,廣告主那一方就不會產生費用,所以能節省廣告成本。

在Google地圖打廣告的步驟

①註冊Google商家檔案。
②連結Google廣告與商家檔案。
③在Google廣告設定顯示地址的選項。
④在Google廣告登錄本地搜索的關鍵字。
⑤在Google廣告投放關鍵字廣告。

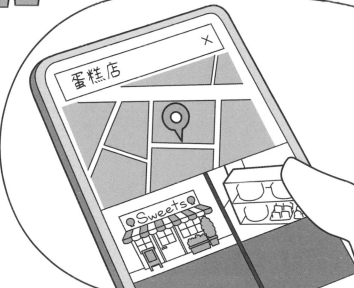

05 利用4P策略成功建立品牌形象的Apple

Apple有效地運用4P，迎來企業的成長。非常有設計感的產品、象徵名牌的價位與開在精華地段的旗艦店等等。在這些因素的相互作用下，Apple得以迅速地成長。

KEY WORD ▶ 4P

▶ ▶ ▶ Apple 的 4P 策略拯救了經營問題

1990年代，Apple的經營出現問題，眼看就要完蛋，於是創辦人史蒂夫・賈伯斯（1955～2011年）回來掌管大局，藉由實施4P策略，成功地讓公司起死回生。

首先，他把Apple當時跟別家公司一樣、外型與辦公室家電無異，以機型編號命名，又設計得索然無味的電腦分成兩大類，分別是桌上型電腦與筆記型電腦；接著，他再各自分成專業用與消費用，共計四種，賦予跟過往對「電腦」印象相去甚遠的時尚外形，製成產品上市後，為電腦市場帶來前所未有的強烈衝擊。

然後，他再推出刷新隨身聽概念的iPod，不久後又推出相當於Apple救世主的iPhone和iPad，這就是4P 策略裡的產品（Product）要素。

與此同時，賈伯斯還選擇了昂貴的定價（Price）策略。當時Apple的麥金塔電腦，幾乎是具備同樣性能、搭載Windows作業系統電腦的2倍價格。換作平常，這種定價策略可能很快就會被市場淘汰，幸好麥金塔擁有美麗的外觀與壓倒性的產品設計，雖然要價不菲，但還是受到狂熱粉絲的支持，獲得高級品的市場地位。另外，iPhone則成為走在市場最前端的流行指標，每次一推出新型號，消費者就會立刻買來向身邊的人炫耀，從中感到喜悅。這也是Price策略的妙效。

通路（Place）和促銷（Promotion）的策略也起了推波助瀾的效果。擁有如高級名牌服飾店外觀及裝潢的旗艦店Apple Store，都開在世界各大都市的精華地段，將Apple的高級品牌形象深植於消費者心中。

這個4P策略完全正中紅心，讓Apple跳脫原本只是電腦硬體製造商的範疇，進化成一大科技公司。無論是電腦或智慧型手機，Apple都是獨一無二的存在，絕不會與其他企業混淆。

Apple所追求的4P策略

Price

在競爭對手銷售類似的廉價商品時，Apple除了商品設計之外，連包裝都十分講究，並刻意提高售價，成功地打造出高級品的品牌形象。

Place & Promotion

把有如高級名牌服飾店的旗艦店開在鬧區等精華地段，藉此提升整家企業的形象。同時，也確立了量販店及自家電子商務網站以外的自有通路。

**Apple
=
Only One**

這種品牌形象深入人心

Product

追求簡單大方又創新的外觀，為電腦及隨身音樂播放器加入流行的元素，成功地讓原本只是工業產品的機器蛻變成流行指標。

06 Apple狂熱粉絲具有極高的顧客終身價值

Apple選擇不與其他公司共用同一種作業系統的封閉環境，在這封閉環境內建立起不斷提升獲利的商業模式，成功地提高了LTV。

KEY WORD ▶ LTV

▶▶▶賣出硬體後，仍繼續維持與顧客的關係

大部分的家電廠商都把事業重心放在製造、販售硬體上。以音響為例，賣出某種機型後，接下來就由唱片公司發行播放音樂的軟體，所以大部分的相關利益都被唱片公司賺走了。家電廠商要再提升收益，只有在機器故障送來修理，或是消費者換新機器的時候。

電腦製造業也是同樣情況，只有賣出硬體時才能產生巨額的獲利，而軟體通常都由其他企業開發，與消費者在財務上沒什麼交集，所以顧客終身價值（LTV）也不高。而且當消費者換新機器時，也不見得一定會買同一家公司的產品，例如只要是搭載Windows作業系統，哪一家廠商的機器都能使用。

關於這點，Apple很擅長保持高度的LTV。雖然大部分的軟體同樣皆為別家公司所開發，但其Mac作業系統是自家公司開發的系統，軟體也是麥金塔電腦專用，因此使用者購買新的硬體時，為了繼續使用軟體或Apple製作的資料，就有很大的可能性再度選擇麥金塔電腦。另外，Apple還買下開發麥金塔用軟體的第三方企業（third party），提高軟體自給率，成功地留住使用者。不僅如此，麥金塔也能安裝擁有壓倒性市佔率的Windows作業系統，因此吸引許多原本就對Apple硬體感興趣的新進使用者。

iPod及iPhone也更進一步建立起獨家的系統，此外，更自行開發影音軟體iTunes，甚至開始銷售可以下載影音數據或應用程式的iTunes Store服務，建立起在賣出硬體之後，仍能繼續為自家公司創造龐大利益的商業模式。另一方面，使用者為了繼續使用資料或應用程式，下次也會再次購買iPod或iPhone。換言之，雖然是Apple包圍使用者的策略，但只要商品夠吸引人，使用者也會給予支持，推升LTV。

Apple嘗試擺脫硬體製造商的框架

硬體

軟體

SONY

A公司

隨身音樂播放器

B公司
（CD業者）

電腦

C公司

D公司
（作業系統軟體業者）

iTunes

Apple

iPod

專為麥金塔及iPod的使用者開發音樂播放軟體iTunes，並開始銷售可以下載音樂來聽的iTunes Store服務。建立起賣出硬體後也能持續提升利益的機制。

A公司及C公司的產品，都是消費者買下商品後，唯有當商品故障要修理時，才能透過售後服務再提升一點利益。然而，一旦商品壽終正寢，沒人能保證消費者一定會再買同一家公司的產品。

汰換硬體時，為了能繼續使用過去購買的資料，有很高的機率會選擇同一家公司的新產品，此舉有助於提高顧客終身價值（LTV）。

07 用Facebook投放定向廣告很方便

網路上的廣告並非是機械化地呈現。以Facebook為例，他們會仔細地分析使用者的註冊資料和廣告主的顧客情報，選定需求最高的使用者，精準地投放廣告。

KEY WORD ▶ 相關廣告受眾、自訂廣告受眾、類似廣告受眾

▶ ▶ ▶ 向抱持期待的受眾精準投放廣告

Facebook的收益中，其實有98.5%都仰賴向使用者投放廣告的收入，說是廣告帝國也不為過。由此可見，Facebook的廣告機制具有其他公司望塵莫及的準確度與效果。而在其背後支撐的，其實就是使用者註冊帳號時輸入的個人資料。

除了要求基本的實名制註冊，Facebook的資料庫還會儲存使用者的性別及年齡、居住地區、職業等琳瑯滿目的資料。再由人工智慧分析使用者發表於動態消息的內容、對哪些使用者的動態消息按了讚，精密勾勒出使用者的人物特質。因此，廣告主可以透過相關廣告受眾，對鎖定且符合的性別、年齡層及居住地區的使用者投放廣告，得到更好的效果。

然而，如果只是這樣，比較簡單的網路廣告大概也能辦到。因此Facebook廣告的精髓可不僅於此。

而那指的就是「自訂廣告受眾」的功能。由廣告主向Facebook提供顧客資料，再比照Facebook的使用者資料，只對資料一致的使用者投放廣告。這麼一來，就不會對不在目標範圍內的使用者投放廣告，可以在濃縮投放次數的情況下達到更精準的廣告效果。

特別值得一提的是「類似廣告受眾」。這是篩選出與符合自訂廣告受眾之使用者有類似傾向的使用者，並對他們投放廣告。與顧客有類似傾向，意味著這些人是有機會成為新顧客的潛在使用者，對他們投放廣告有助於擴大市場。利用自訂廣告受眾，此舉能提升顧客的回頭購買率，再利用類似的廣告受眾爭取新顧客。因為能實現這種兩階段式的廣告，Facebook才有現在如此龐大的廣告收益。

Facebook的定向廣告

刊登廣告

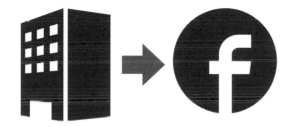

A 公司 → **Facebook**

向Facebook註冊帳號時，Facebook會取得使用者的性別、年齡及居住地區等資料，接著比對廣告主提供的資料，便可以針對目標客戶投放更精準的廣告。

● 顧客資料

A公司與Facebook分享自己的顧客資料，例如年齡層、性別、職業、年收入及購買紀錄等。

● 目標設定

A公司鎖定主要的客層，與Facebook分享想讓對方看到廣告的使用者條件。

● 相關廣告受眾

對設定為目標族群的Facebook使用者廣泛地投放廣告。但相較於廣告播放量，廣告的效果並不高。

● 自訂廣告受眾

除了設定目標客戶，還能與廣告主的顧客資料連動，縮小投放廣告的範圍，儘管播放廣告的次數不多，仍能觸及到更理想的客層，得到更好的效果。

● 類似廣告受眾

從廣告主的顧客資料中，擷取在自訂廣告受眾的設定中沒有涵蓋到、但很有機會成長為顧客的使用者，對他們投放廣告。

FB使用者

性別、年齡及地區等符合廣告主設定為目標受眾的使用者

與顧客資料一致的使用者

與顧客資料不一致的使用者

與目標受眾設定不一致的使用者

非FB使用者

與顧客類似，具有可能成為顧客屬性的使用者

08 以視覺效果為賣點的Instagram

以「曬IG」一詞在日本打開知名度的Instagram，以二十出頭的女性使用者為主，由於是以照片為主的社群網站，廣告也多半都是非常有親和力、視覺上較具衝擊性的商品。

KEY WORD 曬 IG

▶▶▶以年輕女性為目標的廣告效果非常好

　　Instagram誕生於2010年，在歷史尚淺的社群網站世界裡也算是年輕的平台，但它一出現就立刻擄獲了以10～20幾歲年輕女性為主的使用者。2012年，Instagram開始提供服務才2年時間，Facebook就看準其發展性，加以收購並納入傘下。日本國內的註冊人數在2016年達到1000萬人，然後在短短的3年後成長到3300萬人，超過母公司Facebook的2600萬人註冊人數。

　　比較Instagram與Facebook兩者，會發現有許多差異。最大的差別在於，Facebook是由文字與圖片構成的社群網站，Instagram則如同以「曬IG」一詞打開知名度，是以上傳照片為主的社群網站。Facebook的使用者是20～50歲之間的男男女女，範圍較廣泛，其中以30～40歲的男性佔最大宗。另一方面，Instagram的主要使用者為20幾歲的男女，尤其是女性的比例特別高。因此在打廣告時，相較於賣給中老年人的奢侈品在Facebook打廣告比較有效，能在短時間內給予強烈的視覺刺激、賣給女性的流行服飾或化妝品、甜點、高級餐廳等在Instagram打廣告更為有效。

　　還有，也不能忽視俗稱網紅的名人，他們上傳的內容對一般使用者所造成的影響。跟明星不同，網紅是站在與一般使用者相同的立場介紹商品，能以近似口碑行銷的方式提高可信度，讓訊息廣為流傳。因此，企業付錢給網紅、委託他們介紹商品或打廣告的案例也逐年增加。

　　企業可以直接在Instagram上刊登廣告，也能利用母公司Facebook自助式的廣告工具打廣告。這也是Facebook與Instagram變成集團企業，系統可以相互連動後的優勢。

Instagram與Facebook的差異

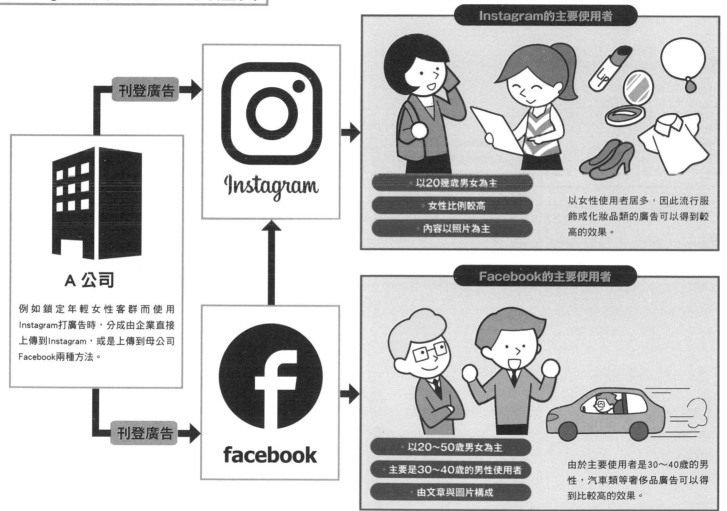

刊登廣告

A 公司

例如鎖定年輕女性客群而使用 Instagram打廣告時,分成由企業直接上傳到Instagram,或是上傳到母公司 Facebook兩種方法。

刊登廣告

Instagram的主要使用者

- 以20幾歲男女為主
- 女性比例較高
- 內容以照片為主

以女性使用者居多,因此流行服飾或化妝品類的廣告可以得到較高的效果。

Facebook的主要使用者

- 以20~50歲男女為主
- 主要是30~40歲的男性使用者
- 由文章與圖片構成

由於主要使用者是30~40歲的男性,汽車類等奢侈品廣告可以得到比較高的效果。

09 從併購策略看Facebook的目的

Facebook致力於增加廣告收入，但是可以投放的廣告數量還是有所限制。因此，為了得到新的廣告平台，他們進而買下Instagram及WhatsApp等社群網站。

KEY WORD ▶ Instagram、WhatsApp

▶▶▶足以與Facebook匹敵的廣告平台

Facebook的主力服務是社群網站，卻買下了Instagram，又將通訊應用程式WhatsApp納入旗下。明明兩者的主要功能Facebook都有，為何Facebook還要買下這兩個社群網站呢？這個疑問從併購當時就被廣為討論。其實，這主要是受到Facebook的執行長，也就是馬克‧祖克柏（1989年～）的經營信念很大影響。

為了維持Facebook的運作，需要很多資金，而這些資金全都仰賴廣告收入。幸好許多企業都願意在Facebook刊登廣告，所以經營乍看之下還算順利，但卻隱藏著一個問題。

祖克柏很擔心投放過多的廣告，會引起使用者的反感，因此將使用者上傳的非廣告內容（有機內容）與廣告內容（付費內容）之投放比例控制在10比1左右。然而，企業的廣告委託有如雪片般飛來，為了獲得營運資金，必須確實地播放那些廣告。這時，想出來的解決方案就是利用新的社群網站，分散掉委託Facebook播放的廣告。

想當然，如果把廣告轉到明顯不如Facebook的社群網站，廣告主一定不能接受。於是祖克柏看上了Instagram，認為Instagram是具有成長性的社群網站。併購後，Instagram確實得到比Facebook更多的使用者，成為非常有價值的廣告媒體。再加上兩者的特性不同，也可依廣告內容分開利用。

WhatsApp在日本是大眾較不熟悉的服務，但是在歐洲的普及率就跟日本的LINE沒兩樣。現在還沒有在WhatsApp上打廣告[注]，但遲早有一天會跟Facebook連動、投放廣告也說不定。

Facebook的廣告策略

Facebook為了避免廣告疲勞轟炸,限制廣告只能佔使用者的塗鴉牆十分之一。但如此一來,就無法處理大量的廣告需求。因此Facebook採取併購其他社群網站,將其納入傘下,改而在其他地方刊登廣告的策略。

併購廣告

併購

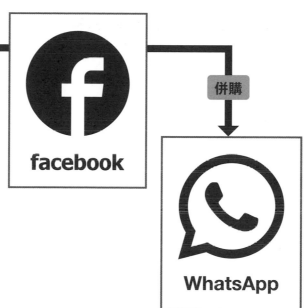

被Facebook併購時,每個月的使用者只有3000萬人左右,4年後竟然超過6億人。可以把親和性比Facebook高的廣告刊登在Instagram,藉此提高廣告效果。此外,也把系統改良成可以利用Facebook的廣告工具在Instagram刊登廣告,提升廣告主的使用方便性。

在歐洲蔚為主流的智慧型手機通訊應用程式,除了聊天之外,也能經由網路進行語音通話。現階段雖還沒開始播放廣告,但遲早會經由Facebook投放符合使用者特性的廣告也說不定。

● **使用於Facebook與Instagram的廣告種類**

種類	內容	Facebook	Instagram
平面廣告	可以同時刊登說明文字與圖片,最簡單的廣告類型。	○	○
影音廣告	可以同時刊登說明文字與影片的廣告。	○	○
輪播格式廣告	連結好幾張圖片或影片的廣告。	○	○
投影片廣告	能以影片的方式播放一支影片或好幾張圖片的廣告。	○	×
精選集廣告	將使用圖片或影片的主廣告與精選商品,構成型錄風格的廣告。	×	○

編注:此處指的是日本的狀況,而 WhatsApp 和 LINE 在台灣的普及率跟日本情況差不多。

10 Amazon的場景行銷

Amazon透過場景行銷掌握住使用者的興趣及需求，提供適合他們的商品，喚醒使用者的購買欲望，成功地提高再訪率。

KEY WORD ▶ 場景行銷

▶▶▶利用愉悅的購物體驗促使消費者再訪

　　Amazon目前正致力於販售或發行線上音樂或線上影片等軟體，但其事業的核心還是電子商務的平台，是可以自行採購、保管商品，讓消費者透過電子商務網站下單、付款，再到物流一手包辦的大型物流企業。然而光是如此，遲早會被後來居上的競爭對手追過，一個搞不好，市場可能還會被整個搶走。為了維持市佔率，Amazon必須建立起獨特的服務系統，提供使用者愉悅的購買體驗。

　　不同於Facebook等社群網站，使用者向Amazon註冊帳號時，除了個人的姓名之外，頂多只要再輸入通訊地址（收件地址）或信用卡卡號（付款方式）。光靠這麼有限的資料，很難提供客製化的服務給各個使用者。

　　然而，Amazon也有電子商務網站才有的儲存數據庫，那就是使用者購買商品的紀錄。此外，即使沒有購買，使用者瀏覽過的商品、頻率等資料也會被記錄下來。如果使用者對購買的商品發表心得感想，還能從評論的傾向去判讀使用者對類似商品是否有需求。像這樣運用人工智慧去分析顧客的喜好方向、掌握需求的手法，稱為場景行銷。

　　Amazon利用「推薦商品」將這種場景行銷的成果發揮到淋漓盡致。從過去的瀏覽紀錄或購買紀錄，推測使用者會喜歡的相關產品，最後出現在畫面上「推薦商品」一覽表中。

　　大部分的電子商務網站都是一直線的動線構造，亦即由使用者搜尋已經決定要購買的商品，放入購物車，付款結帳。但如果在「推薦商品」裡看到之前沒想到的商品，便可能會產生購買動機。因為能帶給使用者像在實體店舖發現意外的商品時，那種喜悅的愉快體驗，也有助於提升再訪率。

Amazon利用場景行銷提高再訪率

買書

買洋裝

買化妝品

根據您的購買紀錄

推薦的衣服

推薦的書

推薦的化妝品

Amazon不斷地從使用者的瀏覽紀錄或購買紀錄分析其消費傾向，向使用者推薦他們可能會感興趣的商品。除了網站之外，也會定期以電子郵件的方式，向各個使用者提供特定的資訊，吸引他們再訪。

11 將一應俱全的網路平台租給顧客的Amazon

為了提供低價格的商品，Amazon追求低成本的體質，將電子商務的網路平台或物流系統的一部分租給其他業者來賺錢，再把賺取的收益用於擴充設備。

KEY WORD ▶ 電子交易市集、電子商務的網路平台、FBA、SWA、AWS

▶▶▶出租網路平台是 Amazon 的財源

　　樂天市場可說是日本電子商務網站的代表，將網路上一應俱全的基本架構租給擁有實體店舖的企業或業者，屬於網路購物的平台。樂天市場不賣商品，而是向各店舖收取手續費來維持公司的營運。相對於此，Amazon則是自己進貨，並在自己架設的網路平台販賣商品、寄送給使用者，從中獲利。都可以在網路上買東西這點是相同的，但創造收益的架構有著根本上的不同。

　　不過，Amazon現在也開始提供以電子交易市集爲名的平台，讓其他業者的商品可以在Amazon的電子商務網站上架。看起來似乎會排擠自家商品的商機，但這種模式對Amazon其實也有好處。

　　Amazon爲了以低價提供商品給消費者，必須維持業界第一的低成本體質。然而，隨著販賣的商品數量愈趨龐大，考慮到網路平台的維護管理及保管商品的倉庫、配送等各種費用，要削減成本並非一件容易的事。於是，Amazon採用了將自家公司的網路平台租給其他業者的方法。

　　這種方式下，其他業者在Amazon上架的商品，可以享受與Amazon的商品同等的待遇。當其他業者賣出商品時，要向Amazon支付手續費，這也是Amazon用來擴充設備的預算。但若只是上架，在還沒有賣出的階段並不會產生手續費，這是業者願意加入的重點之一。除此之外，當Amazon的商品已售罄，但業者還有存貨的話，可以透過Amazon的網站將商品寄送給使用者，此舉會讓人留下「可以在Amazon買到」的印象，也能提高再訪率。

　　Amazon不只將電子商務的網路平台租給業者，業者也能將商品事先寄放在Amazon的商品倉庫（FBA）。這時只要商品能賣出去，就能利用Amazon的物流管道送到消費者手上（SWA）。

Amazon的出租平台

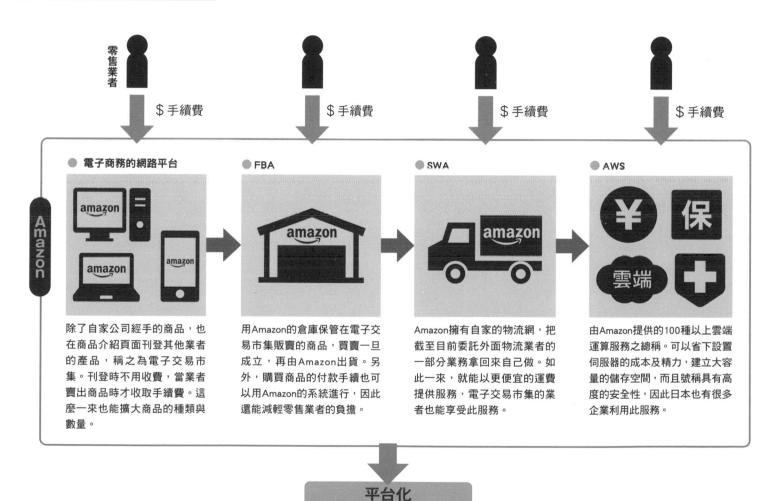

零售業者

$ 手續費　　　$ 手續費　　　$ 手續費　　　$ 手續費

Amazon

● 電子商務的網路平台　　● FBA　　● SWA　　● AWS

除了自家公司經手的商品，也在商品介紹頁面刊登其他業者的產品，稱之為電子交易市集。刊登時不用收費，當業者賣出商品時才收取手續費。這麼一來也能擴大商品的種類與數量。

用Amazon的倉庫保管在電子交易市集販賣的商品，買賣一旦成立，再由Amazon出貨。另外，購買商品的付款手續也可以用Amazon的系統進行，因此還能減輕零售業者的負擔。

Amazon擁有自家的物流網，把截至目前委託外面物流業者的一部分業務拿回來自己做。如此一來，就能以更便宜的運費提供服務，電子交易市集的業者也能享受此服務。

由Amazon提供的100種以上雲端運算服務之總稱。可以省下設置伺服器的成本及精力，建立大容量的儲存空間，而且號稱具有高度的安全性，因此日本也有很多企業利用此服務。

平台化

GAFA的競爭與合作關係

服務

● Facebook
具有壓倒性存在感的社群網站，全世界有28億名使用者，光是日本國內也有2600萬名使用者，為一般使用者透過網絡交流的最大型工具。大部分的收益都來自廣告。

facebook

● Google
從在網路上發送訊息及搜尋功能的入口網站起家，如今已成長為影片上傳及智慧型手機的作業系統開發等數據通訊領域裡，相當於中流砥柱的企業。

Google

社群網站	智慧型手機
智慧型手機	雲端服務
	內容產業

感性 ←————————————————————————→ **理性**

智慧型手機	智慧型手機
雲端服務	雲端服務
內容產業	內容產業

● Apple
身為充滿設計感的電腦與作業系統的製造商，是一家受到使用者熱烈支持的企業。再加上音樂、影片及智慧型手機的開發等業務，已然成為科技業界的流行指標。

Apple

● Amazon
以網路購物起家，從單純的電子商務網站，成長為控制整個物流業的大企業。此外，也將觸角延伸至透過自行研發的閱讀器提供電子書及影片等服務，搖身一變成為可供應多元化內容的娛樂產業。

amazon

產品

GAFA的主要服務

	Google	Apple	Facebook	Amazon	競爭度
智慧型手機	Pixel	iPhone	—	—	✹
手機作業系統	AndroidOS	iOS	—	—	✹
平板電腦	Pixel Slate	iPad	—	Kindle Fire	✹ ✹
應用程式	Google Play	App Store	—	Amazon Appstore	✹ ✹
雲端服務	Google Cloud Platform	iCloud	—	AWS	✹ ✹
廣告	Google廣告	Apple Search Ads	Facebook廣告	Amazon廣告	✹ ✹ ✹
音樂下載	Google Play Music	Apple Music	—	Amazon Music	✹ ✹
影片下載	YouTube	Apple TV	Facebook Live	Prime Video	✹ ✹ ✹
電子書	Google Play Books	Apple Books	—	Kindle	✹ ✹
對話型AI	Google Home	HomePod	Portal	Amazon Echo	✹ ✹ ✹
自動駕駛	Waymo	Titan	—	—	✹ ✹

12 以藍海策略大獲全勝的Netflix

Netflix可以透過網路欣賞電影或戲劇，而它從販賣及出租DVD的激戰區，轉移陣地到當時還在草創初期的串流服務，成為業界最大的線上影音串流平台。Netflix究竟是如何抓住這樣的商機？

KEY WORD ▶ Netflix、Hulu

▶▶▶從DVD事業到串流服務

精益求精地成長為大型線上影音串流平台的Netflix，2021年4月的總市值超過了2420億美元，成為與豐田汽車（27.8兆日圓）並駕齊驅的大企業。其驚人的成長動能，來自於看懂時代潮流、戰勝競爭對手。

Netflix誕生於1997年，當時是販賣DVD的公司，開始服務還不到兩個月，Amazon就表示願意以1500萬美元收購。第一任執行長馬克·藍道夫（1958年～）嚴辭拒絕，將策略從銷售轉型至出租，一時出現顯著的成長。但隨後遇到網路泡沫化，再加上沃爾瑪、百視達等大企業加入戰局，線上租片（郵寄DVD服務）逐漸成為激戰市場（紅海）。

於是在2011年，Netflix決定將串流服務與線上租售DVD分開，並採取漲價策略，導致股價暴跌。然而經歷了一段痛苦的時期，期間Netflix仍持續製作原創作品，增加串流的影片數量，努力擴充訂閱制（月租費固定）的隨選視訊內容。

到了2012年後半年，串流服務的訂閱者超越了不斷減少的DVD租片訂閱者，而Netflix搭上這股大勢，在2013年時，串流服務訂閱者已超過了2700萬人。

▶▶▶以原創內容一家獨大

自從開始播放第一部原創作品《紙牌屋》後，Netflix扶搖直上。使用者只要處於能連上網路、開啟應用程式的環境，無論什麼裝置都能收看，非常方便；加上簡單明瞭的費用方案，以金額決定可以裝置的數量及畫質水準，以及有很多其他公司看不到的內容，促使訂閱者人數增加。此外，也上架了許多引起社會現象的暢銷作品，例如《怪奇物語》及《愛的迫降》等。

不過，隨著競爭對手Hulu被迪士尼收購、同樣接著致力於增加作品數量及原創內容，可以想像今後將會發生的激戰。

擁有很多原創作品是Netflix的優勢

Netflix

鎖定在藍海（新興市場）
提供隨選影片串流服務

特徵 1

只要能連上網路，
不管用什麼裝置
都能收看影片。

特徵 2

只要將影片下載到裝置，
就能在無網路的環境收看。

特徵 3

影片的畫質高低或
可使用的裝置數量，
決定了費用方案的訂閱制
（月租費固定）。

我一定要用
大螢幕看
高畫質

我都用手機看
便宜就好

特徵 4

2020年的總製作費為1.8兆日圓，
原創內容也很充實，有很多
只能在Netflix才能看到的作品，
這點是其最大的武器。

卡司太棒了！

VS

Hulu

以現有戲劇及電影的總播放量
佔優勢。也有即時轉播的
「Live TV」等原創內容。

哇，
好懷念啊！

13 影音市場上的最大贏家YouTube

利用影音分享網站「YouTube」行銷時，在影片中間夾帶幾秒鐘廣告的手法，以及出現橫幅廣告的方法最為常見。另外，也可以用業務配合的方式請「YouTuber」介紹自家公司的產品。

KEY WORD ▶ YouTube、YouTuber

▶▶▶使用YouTube的效果

影音播放網站具有使用電視螢幕、電腦、手機、平板及遊戲機等工具就能輕鬆收看的優勢，其中又以YouTube最為著名。YouTube適合廣告策略的原因，在於YouTube能為影片上傳者（YouTuber）帶來不遜於電視明星的知名度與聲望。

電視上的影片分成節目與廣告，因此必須克服只對節目感興趣的人一旦跳過廣告或換台，就無法得到預期效果的問題。

然而，如果是YouTuber擁有固定頻道的YouTube，使用者可以訂閱頻道，欣賞自己想看的影片。YouTube只會在訂閱人數超過1000人，且影片觀看時間超過一定時數的YouTuber頻道上播放廣告，做法是當影片播到一定時間，會突然打斷節目、插播幾秒鐘的廣告。

此外，也會顯示距離廣告播完「還剩○○秒」的時間提示，因此絕大多數的觀眾都會乖乖看完廣告。另外，YouTube也具備針對每一支影片判斷是否播放廣告的機制，可以只在高品質的影片播放廣告這點也很吸引人。

雖然廣告對象只有收看影片的觀眾，但是YouTube的廣告效果已經獲得證明，被視為可以用來代替主流媒體的手法。

▶▶▶請YouTuber業配

還有一種手法是與知名YouTuber業務配合，請他們介紹商品。有些YouTuber同時也是電視明星，所以非常吸睛。

在YouTuber的頻道播放業配廣告時要注意一點，那就是不要做隱形行銷，必須表明是廣告。這麼一來，大部分的頻道訂閱者明知是廣告，也會當成節目的一部分，好好地看到最後，以口耳相傳的方式加以擴散的可能性也不低。換句話說，與YouTuber合作，很容易將觀眾培養成推廣者，是很理想的做法。

將影片的粉絲變成優良顧客

重點1
影片的粉絲自然地收看

重點2
並未跳過廣告

重點3
留下廣告的印象繼續看影片

一般影片

本格RPG
女神の報酬に
事前登録受付中

廣告快給我結束…

感到好奇，開始玩起廣告裡的遊戲

我也是！下次一起玩吧

重點1
影片的粉絲自然地收看

重點2
即使聽到是業配還是會繼續收看

重點3
把商品當成笑點的一部分

業配影片

百百還是這麼搞笑

今天是與廠商合作的企劃喔

像廣告那種嗎？

是不是很方便！

哇哈哈，太好笑了

一時衝動買下了業配商品，結果是除毛器。來刮刮腿毛吧……

14 一旦爆紅影響力絕大的Twitter

Twitter可以利用即時的文字訊息，瞬間向其他人表達自己的意圖，加上具有高度的匿名性，使用者正在急速增加。只要能在140字的文字上限內完美地傳達自家公司的商品魅力，就有機會以口碑行銷的威力爆紅。

▶▶▶Twitter的商業成功範例

Twitter有字數限制，使用者的匿名性也很高，乍看之下似乎不太適合數位行銷，沒想到竟有很多成功的商業範例。

例如，中村印刷所有限公司發表了具有劃時代功能的新產品「可以水平打開的筆記本」，但因為是東京舊城區的小印刷廠，知名度不夠，庫存都堆在倉庫裡，賣不出去。這時，老闆的孫女為了幫忙宣傳，在Twitter上發表了可以水平打開的筆記本照片推文。

沒想到，商品資訊經由口耳相傳擴散開來，推文轉眼間就被轉了超過三萬次，訂單有如雪片般飛來。這就是所謂的爆紅（資訊瞬間擴散）。

結果，中村印刷所從原本只是家族經營的中小企業，搖身變成全國的矚目焦點，幾千本的存貨不一會兒就賣光了。中村印刷所後來也陸續開發新商品，如今已成為製造筆記本的頂級品牌之一。他們還跟SHOWA筆記本（銷售JAPONICA學習手帳的公司）技術合作，可說是只靠140字的推文就大獲成功的範例。

▶▶▶Twitter的活用方法

基本上，企業會用三種方法在Twitter上打廣告。第一種方法是取得「自家公司的官方帳號」，藉此提升知名度或將使用者吸引到自家公司網站，與使用者交流，方法十分簡單。

第二種方法是「發推宣傳」。利用商品宣傳將使用者吸引到自家公司網站，是廣告功能最高的方法。

第三種方法是開通「宣傳帳號」，以增加跟隨者及傳播率為目的。無論採取哪一種方法，都不止於宣傳商品，還能選擇琳琅滿目的傳播資訊策略，例如利用自家公司的帳號或廣告，讓使用者下載手機應用程式等。

這三種方法都有一個共同點，那就是以「轉推」來傳播商品訊息為最終目的。

創新的自媒體工具在數位時代的效果也很驚人！

以中村印刷所可以水平打開的筆記本為例

以企業開通帳號加以活用為例

15 將Twitter運用於「社群聆聽」

「社群聆聽」可以分析Twitter等社群網站從對話或發言中蒐集到的資料。真實傾聽使用者如何看待自家公司的商品，捕捉使用者的動向，從而擬定出改善問題或變更目標對象的行銷策略。

KEY WORD ▶ 社群聆聽

▶ ▶ ▶ 蒐集資料很重要

如果想聽見消費者的聲音，問卷調查、小組面談或客服對應等手段都很有效，但「社群聆聽」是更容易了解顧客心聲的資料分析方法。

這種方式的特色在於，蒐集使用者平常在Twitter等社群網站上的對話或行動等資料，製造出更能滿足顧客的產品或改善服務品質。

首先，利用稱為「爬蟲」（Crawler）的機器人蒐集資料，再利用「網路爬蟲」（Web Crawling）的技術，讓爬蟲進行批次化的自動作業，蒐集必要資訊。如果想要自家公司商品的資訊，可以從中抽出特定範圍的資料。蒐集到的資料再由「文字探勘」（Text Mining）分析，產生社群聆聽的結果。

透過社群聆聽，主要可以知道客服或客訴無從得知的消費者真正需求，以及消費者如何看待自家公司的品牌

或對商品有何印象等真實想法，還有流行趨勢、產業動向等，從中得到改善服務品質或開發新產品的靈感，有助於評估廣告、宣傳的效果。

社群聆聽不僅可以在第一時間得知消費者的反應，也能預防受到抨擊或風評受損。

具體上分成以下六個階段進行分析。

①決定要分析什麼：可以是商品名稱，也可以是品牌。其次是②鎖定要分析的消費族群：好比年齡、性別、職業、居住的地方等。

③利用網路爬蟲蒐集資料；④再利用文字探勘進行分析，了解資料的脈絡；⑤加入能不能賣給其他消費族群的假設，進行更深入的分析。

最後是⑥繼續縮小假設的範圍，問題點、需要改善的地方、行銷的方針就會浮現。

不過這裡有一個問題，那就是分析及蒐集資料需要專業知識，所以必須培養能善用蒐集到的資料的人才。

反映出從Twitter得到的消費族群真實的聲音

16 LINE以多功能服務來爭取顧客的免費策略

LINE是日本最大的社群平台，活躍用戶約8600萬人以上。LINE最大的賣點在於免費策略，提供足以讓使用者滿意的利用價值，維持穩定的使用人數，繼續擴大廣告效果。

KEY WORD ▶ LINE

▶▶▶利用最大的社群平台

LINE提供許多免費的功能，例如LINE電話及聊天、LINE VOOM（動態消息）、LINE TODAY（新聞）、LINE Pay（錢包）等。其他社群平台的基本功能也都是免費提供，但是LINE的服務內容不僅五花八門，功能非常強大的同時也很好用，還兼具極有品味的設計性，雖然是比較晚才問世的社群網站，卻以飛快的速度後來居上。

目前有8600萬名活躍用戶，佔日本總人口約三分之二的LINE是怎麼賺錢的呢？基本上用戶可以免費使用一定的功能，再加上一些收費的附加選項，說穿了就是採取免費策略。

最簡單的例子，就是聊天時使用的貼圖。還有，如果要使用生活購物功能也須付費。運用於商務上也不例外。以取得「自家公司的官方帳號」為例，可以免費申請，而且每個月的發稿量若沒有超過1000則也無須支付使用費，

可一旦超過就會升級為付費方案。

取得官方帳號後，一開始可以先增加「好友」（加入LINE官方帳號的使用者），推動行銷策略。可透過LINE強大的訊息傳遞功能，將訊息傳送至好友的聊天室，因此能發揮極高的商品認知效果。

▶▶▶琳琅滿目的廣告功能

LINE也會發送廣告。最常見的莫過於動態消息廣告，因為是在第一時間傳送訊息，可以有很高的機率被使用者接收到。此外，從LINE錢包點進去還有LINE購物及LINE酷券[註]，有助於讓使用者受到商品功能的吸引，是其優勢。

還有顯示於聊天室列表最上方的聊天室廣告，以及刊登於漫畫、部落格、錢包、購物、點數等各首頁的POP廣告，可以配合預算及用途分開來使用。除此之外，利用以第三方伙伴為對象的LINE廣告聯播網，也能帶來很大的效果。

LINE領先業界的廣告效果

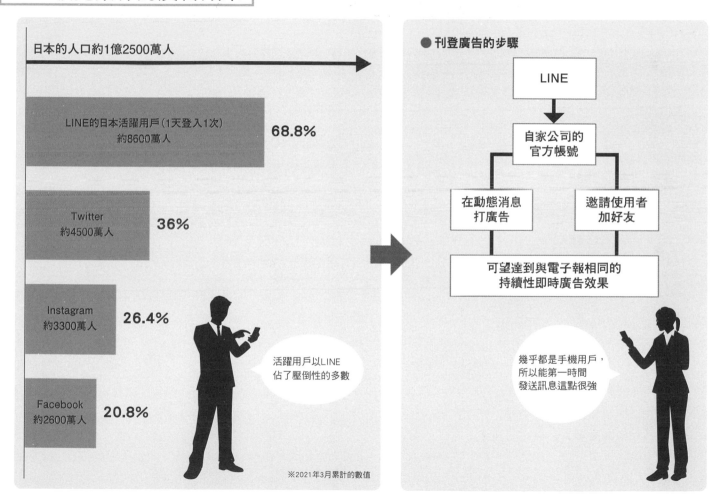

日本的人口約1億2500萬人

LINE的日本活躍用戶（1天登入1次）
約8600萬人　**68.8%**

Twitter
約4500萬人　**36%**

Instagram
約3300萬人　**26.4%**

Facebook
約2600萬人　**20.8%**

活躍用戶以LINE
佔了壓倒性的多數

※2021年3月累計的數值

● 刊登廣告的步驟

LINE

↓

自家公司的
官方帳號

在動態消息
打廣告

邀請使用者
加好友

可望達到與電子報相同的
持續性即時廣告效果

幾乎都是手機用戶，
所以能第一時間
發送訊息這點很強

17 將口碑行銷效果最大化的病毒式行銷

在社群網站擁有眾多跟隨者的「網紅」，其口碑行銷具有莫大的影響力。只要能將使用者一傳十、十傳百，讓資訊不斷傳播的機制運用於自家公司的行銷上，就能提升商品的認知度，創造收益。

KEY WORD ▶ 網紅

▶▶▶有效運用口碑行銷

病毒式行銷（口碑行銷）是利用Facebook、Twitter、LINE等所謂社群平台的廣告手法之一。在光是日本國內，就有數千萬使用者的社群平台市場，口碑行銷的影響力絕對不容小覷。

舉例來說，藝人、運動選手或知名YouTuber這些本來就有固定粉絲的名人，社群網站的跟隨者動輒以數十萬為單位的情況相當普遍。因此，他們發表的訊息會對許多消費者的消費行為造成很大影響，又稱為「網紅」（Influencer：具有影響力的人）。

如果能請網紅發表自家商品的賣點，網紅對商品的評價會立刻以口耳相傳的方式擴散開來，顧客與商品情報的認知度將會等比例增加。這種做法稱為「網紅行銷」，近年來有很多企業都深諳此道。

只不過，有些惡質的網紅會以宣傳為由，要求廠商給予優惠或免費提供商品，所以要小心。

在過去，廠商為了讓消費者認識商品的品牌風格，會在主流媒體上播放大量的廣告、舉辦商品發表會等活動，或在精華地段及知名百貨公司開店等，但需要非常多的成本。因此若商品賣得不好，就會對業績造成很大的影響。

然而，近年來蔚為主流的數位行銷是以低成本為前提，因此被廣告成本拖垮的風險也比較低。

此外，除了網紅，還能利用**傳教士**（Evangelist＝成為企業或產品的信徒，願意推薦給身邊的人）、**代言人**（Advocates＝成為特定產品的粉絲，願意主動介紹給身邊的人）及**大使**（Ambassador＝向企業收受報酬，推薦商品給身邊的人）也是病毒式行銷的選項之一。

口碑行銷其實也有些細微的差異，2004年在美國成立的WOMMA（口碑行銷協會）將口碑行銷定義為十一種手法，而其具體的內容將在p.190～191為各位做介紹。

由社群網站的名人傳播商品的賣點

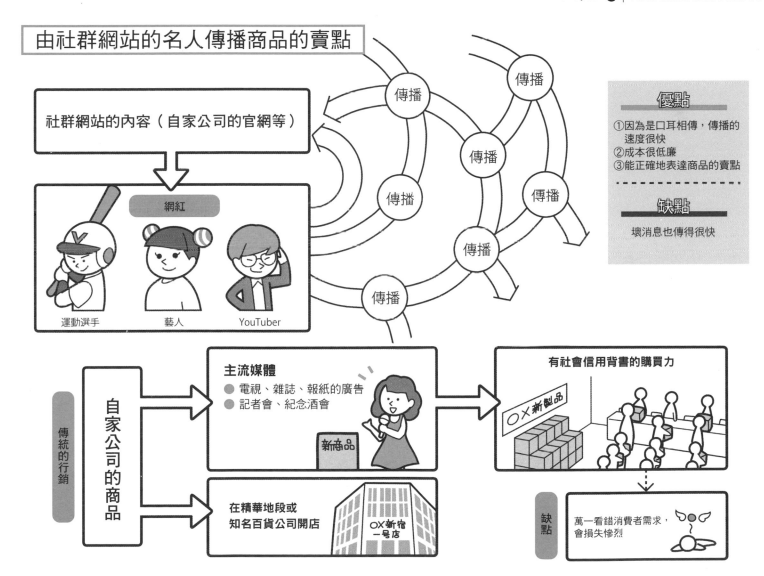

社群網站的內容（自家公司的官網等）

網紅

運動選手　藝人　YouTuber

傳播

優點

①因為是口耳相傳，傳播的速度很快
②成本很低廉
③能正確地表達商品的賣點

缺點

壞消息也傳得很快

傳統的行銷

自家公司的商品

主流媒體
● 電視、雜誌、報紙的廣告
● 記者會、紀念酒會

新商品

在精華地段或知名百貨公司開店

〇×新宿一号店

有社會信用背書的購買力

〇×新製品

缺點

萬一看錯消費者需求，會損失慘烈

用於社群網站的11種口碑行銷方法

2004年在美國成立的WOMMA（The Word of Mouth Marketing Association：口碑行銷協會）將口碑行銷定義為11種手法。

❶ 話題行銷

以人為的方式製造口碑行銷，用來為商品或服務打開知名度的方法。

❷ 網紅行銷

利用網紅的傳播力以提升商品的品牌形象或認知度的方法。

❸ 病毒式行銷

以網路上的口碑行銷為主，宣傳商品或服務的方法。

❹ 動機行銷

讓消費者知道購買特定的商品可以對社會做出貢獻。

❺ 社群行銷

召集商品或服務的粉絲，舉辦活動。

➏ 建立對話

利用具有衝擊性的廣告或宣傳字句來增加話題性。

➐ 草根行銷

組織以個人為單位的義工團體來舉辦活動。

➑ 品牌部落格

請特定品牌擔任部落格的贊助商，在部落格交換商品情報。

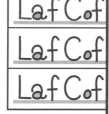

➒ 傳教士行銷

培養願意向別人推薦自家公司產品的「傳教士」，請他們傳播商品或服務資訊。

➓ 推薦行銷

提供工具好讓商品的粉絲幫忙推薦商品。

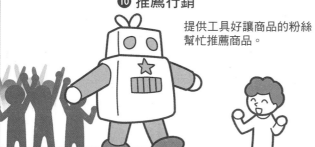

⓫ 寄送產品

向特定領域的創作者提供商品情報或試用品。

Chapter 7

高速成長企業的最新行銷策略

介紹包括BATH（百度、阿里巴巴、騰訊、華為）等足以代表中國的大企業在內，採取發源自美國的行銷、更加進化的策略而高速成長的成功範例。

01 以新型態展開攻擊的阿里巴巴OMO策略

據說不久的將來將會是融合線上與線下「OMO」（Online Merge with Offline）的時代。而最早開拓這個領域、在中國大獲全勝的就是阿里巴巴。

KEY WORD ▶ OMO、巴里巴巴

▶▶▶「盒馬鮮生」的大躍進

電子商務業界是從美國Amazon買下大型超級市場及Amazon Go之後，才開始推進OMO（融合線上與線下的策略）。但是在中國的電子商務業界雄霸一方的阿里巴巴，早就以OMO闖出一番成績來了。

其中特別值得注目的，是2016年於上海開設第一家分店的超級市場實體店舖「盒馬鮮生」的大躍進。盒馬鮮生被視為「未來的超市」，截至2020年已在中國開設200家分店以上。

明明是實體店舖，阿里巴巴卻將盒馬鮮生定位為「電商事業」，祕密就在於盒馬鮮生的服務。

盒馬鮮生採會員制，使用前必須下載專屬的應用程式，主要以阿里巴巴集團的手機支付工具「支付寶」來消費。換句話說，阿里巴巴可蒐集顧客的來店紀錄及購買紀錄等大數據，用來作為進貨的參考。

對於販賣有消費期限的生鮮食品為主的超級市場，報廢損失是無法避免的問題，盒馬鮮生則是引進最新的技術，盡可能將這種損失降到最低。

▶▶▶為了追求成長的損失是「投資」！

此外，盒馬鮮生還為商品安裝二維條碼，再用手機掃描，徹底落實確認每項商品經過哪些通路的可追溯性。在食品造假或混入異物等食安問題層出不窮的中國，這項服務非常重要，幾乎是讓顧客回頭購買的一大助力。

還有，盒馬鮮生的宅配服務也相當完善。消費者可以用手機訂購商品，寄送範圍為距離店舖3公里以內，如果店裡已有商品，甚至能在30分鐘內免費送到，這種方便性非常受歡迎。

根據阿里巴巴於2018年9月公布的資料，開店才經過一年半的7家盒馬鮮生，每家分店的平均日營業額換算成日幣約有1360萬日圓（編注：當時約360萬台幣），單純計算下來，一家店每年就能創造將近50億日圓的營收，其中一半以上都是透過網路下的訂單。

話說回來，引進最新的科技、免費提供配送服務都需要成本，因此盒馬鮮生目前還處於虧損的狀態。不過，中國擁有14億以上的人口，市場規模極為龐大，一旦成功，將獲得難以想像的利潤。因此阿里巴巴將其視為蒐集大數據、擴大盒馬鮮生經營版圖的「投資」，始終採取積極態度，對短期的損失並未在意。

▶ ▶ ▶ 促使顧客光顧實體店鋪的竅門

此外，倘若無法吸引顧客大駕光臨，開設固定成本居高不下的實體店鋪，也只會降低企業價值。因此盒馬鮮生也提供結合了grocery（食品雜貨店）與restaurant（餐廳）的「餐飲超市」服務。

這個字眼聽起來很陌生，但在超級市場的大本營美國，其實是很普遍的服務。日本的話，以關東為主要根據地的連鎖超市「成城石井」也有部分店鋪提供這種服務。

不同於輕食區或出租給好幾家餐飲店經營的美食區，餐飲超市裡可以當場請廚師烹調自己在店裡買下的食品，直接在店裡吃；也可以用比外面餐廳更經濟實惠的價格，享用自己親眼檢查過品質的昂貴海鮮，因此非常受歡迎。

日本的超級市場也有很完善的熟食區，但中國人吃不慣冰冷的料理，所以不用帶回家加熱、可以當場吃到熱騰騰的料理這點，也受到消費者的支持。

▶ ▶ ▶ 阿里巴巴以OMO事業領先世界一步

相較於阿里巴巴的事業規模，這個領域還處於發展階段，但是受到肺炎疫情「必須宅在家」的影響，可以想見全世界對OMO的需求將會急遽增加。

由於實體店舖兼具電子商務網站的倉庫功能，因此還能詳細地儲存消費者在追求什麼的大數據，可以消除超級市場最人的瓶頸，也就是報廢損失與庫存損失。

阿里巴巴把將來可能會成為我們生活基礎的零售業態於中國紮根，在OMO事業上可說是領先了Amazon等競爭對手一步。OMO已成為今後行銷上絕對不可忽視的做法。

02 善用「金融科技」的阿里巴巴

對於金融科技的運用,支撐著阿里巴巴的成長。阿里巴巴在金融領域早已完全凌駕Amazon,甚至被稱為「金融科技的王者」。這也是兩家公司最大的不同之處。

KEY WORD ▶ 金融科技、阿里巴巴

▶▶▶成為支撐社會基礎的巨人

金融科技是由financial(金融)與technology(技術)組合而成的名詞,意味著「善用科技的金融服務」。阿里巴巴以電子商務網站事業、物流事業、金融事業三位一體的方式成長至今。

由集團中的企業「螞蟻金服」提供的行動支付應用程式「支付寶」,在中國的滲透度極廣,更與騰訊控股集團的「微信支付」瓜分了整個市場。

日本的紙鈔有很高的品質,難以被偽造,再加上治安比其他國家安定,因此基本上還是以現金交易為主。然而,不同於老年人尚未習慣無現金交易的日本,中國現在就連祖父母給孫子的零用錢都是以電子貨幣支付,行動支付的文化已經滲透到整個社會。大都市裡甚至有不少商店只能用支付寶結帳,在14億人口的市場上掌握了行動支付的巨大佔有率,其價值難以估量。

由此可見,阿里巴巴已經從單純的科技公司,搖身一變成為支撐中國人民社會基礎的「巨人」。

另外,可以在支付寶上使用MMF(Money Market Fund＝貨幣市場基金)的「餘額寶」正急速擴大,這也是善用金融科技而得到的甜美果實。

▶▶▶利用金融科技與Amazon拉大差距

另一方面,Amazon也有行動支付工具「Amazon Pay」等服務,但還不像阿里巴巴那樣在全國獲得巨大的市佔率。

此外,支付寶不只是支付工具,也是阿里巴巴各種服務的入口。不僅如此,根據透過支付寶蒐集到的數據,還衍生出將個人的信用能力數值化的「芝麻信用」等服務。

運用金融科技成為了阿里巴巴相當大的武器,在這個領域與Amazon拉開很大的差距。

支付寶的賣點

在電子化十分普及的中國，有好多種刷二維條碼的手機支付工具，而阿里巴巴集團提供的支付寶擁有超過50%市佔率，表示約有10億人口都是用戶。另外，運用支付寶電子貨幣進行投資的信託基金「餘額寶」才剛上市沒多久，其基金規模就已躍升為全球第一。

有鑑於此，中國幾乎沒有不接受支付寶的實體店舖，反而是只能用支付寶的商店相當普遍。

日本其實也不能置身事外，為了爭取中國觀光客來消費，導入支付寶的日本企業及商店也愈來愈多。

優點①

店裡不用擺太多現金

不只支付寶，使用手機支付工具不會產生現金交易，就無須在店裡備有太多現金。不僅能省下為了找錢要先換零錢的麻煩，還能減少竊盜搶劫等犯罪風險。

優點②

可以匯款給其他使用者

可以輕鬆地匯款給其他支付寶的用戶，不過只限於中國國內。中國有很多從地方都市去大城市工作的人，因此這項服務大受好評。也能用於祖父母想給孫子一點零用錢的時候。

優點③

不會花太多錢

不像信用卡那樣直接從銀行扣款，支付寶要先儲值才能使用，因此不會發生不知不覺中花掉太多錢，月底收到帳單才悔不當初的慘劇。

阿里巴巴的物流網

菜鳥網絡（CAINIAO）

菜鳥網絡是阿里巴巴於2013年在廣東省深圳創設的物流企業，運用旗下現有的宅配公司，充分發揮其身為物流網總司令的作用。

為了不讓貨物都集中在一家公司裡，導致宅配業務塞車，菜鳥網絡善用大數據，有效率地將貨物分送到旗下的宅配公司。不僅如此，還在各地設置名為「菜鳥驛站」的據點，並且藉由設置試穿室，來當場處理網路購物最常見的「因衣服尺碼不合，所以要退貨」等問題，提供盡量不讓宅配人員與消費者雙方浪費時間的服務。

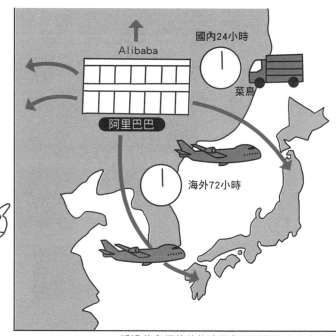

透過菜鳥網絡的物流網與國外的物流企業（日本通運或美國郵局）合作，基本上，在中國國內可以在24小時內、日本國內72小時以內，就可以收到在阿里巴巴電子商務網站上購買的商品（目前正打算進軍歐洲）。

阿里巴巴的電子商務

Alibaba.com

企業間彼此進行交易的B2B電子商務網站,也適用於國際貿易。買方可以直接與賣方交涉,因此不止中國企業,也有很多國外的企業申請為用戶。

天貓(Tmall.com)

企業與個人進行交易的B2C電子商務網站,是中國規模最大的線上購物中心,類似日本的樂天市場。只不過,僅限中國企業或在中國當地設置公司的海外企業開店。

淘寶(taobao.com)

個人用戶彼此進行交易的C2C電子商務網站,類似日本的雅虎拍賣或Mercari。會員人數超過8億人,在中國的C2C服務中擁有90%壓倒性的市佔率。

淘小舖(Taoxiaopu)

供應商(S)與零售商(B)同心協力,向消費者(C)提供服務,是一種較新的電子商務網站,簡稱S2B2C。可以由中小企業及網紅扮演B的角色,以自訂的價格把S的商品賣給C。

03 華為企圖成為5G時代霸主的投資策略

近幾年來，中國企業華為頻頻受到美國的制裁，業界認為這是美國為了對抗華為想搶下5G（第五代行動通訊網路）市場霸權所採取的措施。

KEY WORD ▶ 華為

▶▶▶身陷「華為風暴」仍獲利成長

2018年，因為有違法金融交易的嫌疑，在美國的抗議下，加拿大當局逮捕了中國企業華為技術的副董事長兼財務長。

在那之後，美國也持續對華為採取禁止交易及限制半導體出口的政策，導致華為不得不在2020年11月出售其低價手機品牌的子公司「Honor」，即所謂的「華為風暴」。

然而，即使在這樣的逆境中，華為2020年的全年結算仍是「獲利成長」。

說到華為最大的優勢，莫過於「行動通訊設備」。具體是指行動電話的基地台，而華為是全球市場佔有率的第一名。但華為的營收主軸並非手機這種行動通訊設備，其實有大約5成的營收都來自於提供給通訊業者的網路事業。

以前都說「中國企業只會模仿海外」，那為什麼華為

能爬到這個領域的頂端？

因為華為採取了近乎大膽的PPM（Product Portfolio Management＝產品組合管理）。

▶▶▶以大膽的投資走在5G領域的最前端

華為每年都拿營收的10%以上去投資於研發工作，相當於PPM的「問題事業」，亦即將來或許能期待市場有所成長，但現階段無法指望能有太大的收益。

然而，華為不怕失敗，持續進行幾乎凌駕於Apple或豐田汽車的巨額投資，成功地站在5G領域的頂端。華為如今已坐上「明星事業」的寶座，將來繼續培養成「金牛事業」可以說是其基本策略。

華為的PPM策略

開發5G

問題事業（Problem child）

先把營收用來投資

明星事業
（Star）

利用5G技術開發智慧型手機等產品，在通訊設備產業獲得成功。

投資營收的10％

為了提高未來在各國的市佔率，將明星事業獲得的資金投入於開發外國的事業。

金牛事業（Cash cow）

為了籌措研發資金，不留下賺不到錢的「落水狗」事業，並將營收的10％以上投入於研發（問題事業）。結果就是華為贏得5G技術的研發競爭，卻受到美國政府的警戒，發生了華為風暴。

落水狗事業（Dog）

04 以開放平台擴大勢力的騰訊

騰訊提供可以在通訊應用軟體「WeChat」（微信）裡使用的「小程式」，改變了手機應用程式的概念，成功地得到身為平台的存在感。

KEY WORD ▶ WeChat、小程式

▶ ▶ ▶ 創新的「應用程式內還有應用程式」

騰訊（控股集團）是在1998年創業的科技公司，提供名為「WeChat」（微信）的應用程式，是知名度與號稱是中國版Twitter的「Weibo」（微博）不相上下的社群網站。

在騰訊的策略中，最引人矚目的「小程式」是始於2017年1月開始服務。以Apple為例，即使開發出因應平台語言的應用程式，若沒有通過審查，就無法出現在「AppStore」裡。

然而，小程式不需要向平台申請，也不用專門的商店。騰訊把WeChat開放給應用程式開發者作為平台。

Google退出中國市場後，中國不能再使用「GooglePlay」，結果冒出許多亂七八糟的Android應用程式商店，逼得應用程式開發者必須為不同的商店修改應用程式。在這種情況下，使用者多達12億人口的WeChat一開放平台，應用程式開發者們自然會蜂擁而上，一窩蜂地設

計小程式。

這個勢頭銳不可擋，小程式開始提供服務才2年，就已經擁有150萬名的應用程式開發者，遠遠超過其他應用程式商店。

▶ ▶ ▶ 顛覆手機應用程式的概念

結果不止線上商務，小程式也誕生了許多與實體店舖服務掛勾的應用程式，盛況空前，再加上只要掃二維碼就能使用的方便性，更是被廣為利用。

騰訊顛覆了Apple及Google定義的「應用程式的概念」，利用小程式擴大了事業版圖。

由此可見，騰訊以12億人口這種有如天文數字的使用者為武器，透過充實的小程式提供包羅萬象的服務，企圖拿下平台的霸權。

WeChat的功能

WeChat是騰訊的核心業務，又稱「中國版的LINE」，而拜小程式所賜，其功能比LINE更加豐富。

例如訂餐廳、購買演唱會的門票、如何轉乘大眾運輸工具、玩遊戲、線上或線下的支付工具，甚至連報稅都能用WeChat完成。

隨著新冠肺炎疫情不斷蔓延，將來也可能會提供線上問診或健康診斷的服務。

05 以藍海策略高速成長的騰訊

阿里巴巴與騰訊之爭在中國愈演愈烈，騰訊一貫處於「市場追隨者」的地位。但騰訊也正打算以「藍海策略」擺脫傳統的追隨者定位。

KEY WORD ▶ 藍海策略、騰訊

▶▶▶藍海策略的重要性

與其跟其他企業在紅海爭得頭破血流，待在沒有競爭對手的藍海看起來比較輕鬆。但是一般而言，藍海的市場規模比紅海小，即使成功也會馬上有其他同業進來分一杯羹，轉眼又變成「紅海」。

不要一下子就跳進「海」裡決勝負，而是以「亂槍打鳥」的方式創造出幾個小池塘，先找到有希望的市場再集中資源，以迅雷不及掩耳的速度把池塘擴大成「海」，是目前備受關注的「藍海策略」。

為了產出大量的「海」，不必堅持一定要有「別無分號」的創意。能否「模仿」既有的商業模式，再經由巧妙的排列組合、製造出差異化，才是最重要的關鍵。

騰訊出資的中國新創企業「美團點評」便是利用模仿與差異化的藍海策略，在這幾年來急速成長。

美團點評是團購平台「美團」與口碑行銷網站「大眾點評」於2015年合併的企業^(注)，美團和大眾點評本來在各自領域就已是中國最大規模的企業，到了2018年，使用者人數更是超過6億人。

▶▶▶先「模仿」再超越本尊

美團點評以複製大型餐點外送平台的服務為軸心，再模仿大型團購網站上的各種服務，展開事業版圖。

不止餐點外賣的專屬應用程式，美團點評還吸收了娛樂、旅行、民宿、食品超市、美容院等各種類型的「精華」，大受好評。不僅單純地模仿，還藉由提高品質超越本尊，將「池塘」變成「海洋」。

騰訊運用「藍海策略」成功擺脫了「市場追隨者」的定位。

騰訊的藍海策略

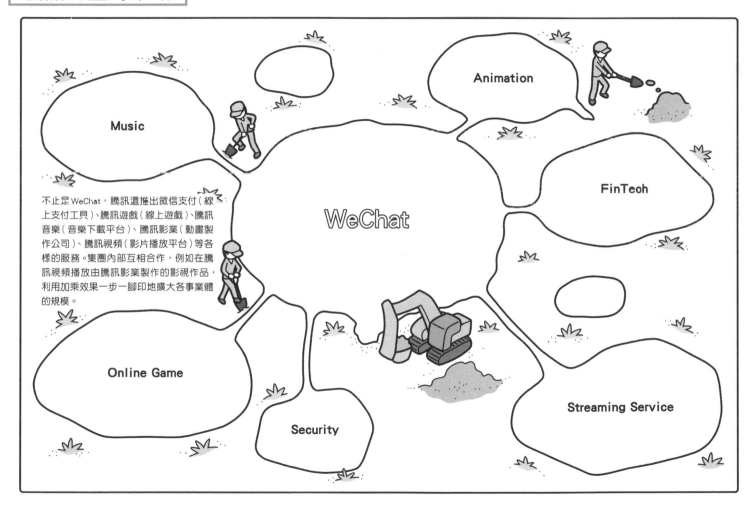

不止是WeChat，騰訊還推出微信支付（線上支付工具）、騰訊遊戲（線上遊戲）、騰訊音樂（音樂下載平台）、騰訊影業（動畫製作公司）、騰訊視頻（影片播放平台）等各樣的服務。集團內部互相合作，例如在騰訊視頻播放由騰訊影業製作的影視作品，利用加乘效果一步一腳印地擴大各事業體的規模。

編注：美團點評於 2020 年恢復「美團」的舊稱。

06 透過加分式行銷大躍進的百度

日本企業過去皆以追求完美主義的產品或服務擴大市佔率，但是以百度為代表，中國企業近年來的成長乍看之下似乎都是建立在粗糙的「試誤」策略上。

KEY WORD ▶ 百度、加分式行銷、扣分式行銷、教育技術

▶▶▶ 發揮所長的「加分式行銷」

2010年，Google因不願意接受中國政府的審查，退出中國市場後，原本就有「中國版Google」之稱的百度便掌握了中國的搜尋引擎市場。中國市場有14億人口，百度的市佔率一直在70～80%之間來回遊走，因此在全球搜尋引擎市場的規模僅次於Google。也就是說，百度在中國市場是領導者，在全球市場是挑戰者，同時兼具兩種身分。

百度進軍手機支付服務的時間較晚，落後於同樣是中國大企業的阿里巴巴及騰訊，但是在AI（人工智慧）的領域則持續表現出一日千里的進化。百度尤其致力於開發由AI駕駛的自動車，2018年開始更在中國國內將自動化公車投入商用市場中。

相較於日本的自動車仍在測試階段，兩者之間的差距一目了然。

主要原因，就在於行銷策略的差異。

不僅是百度，大部分後來先至的中國企業都採取「加分式行銷」。

簡單地說，加分式行銷是「發揮長處」的策略，只要有什麼有趣的新點子，就無懼風險地打造成MVP（Minimum Viable Product＝最小可行性商品）上市，一邊觀察市場的反應，一邊發揮優點、改善缺點。

另一方面，大部分的日本企業則是以不斷地開會、進行測試、排除所有缺點，力求上市時已是完美商品的「扣分式行銷」爲基本策略。

說是民族性的差異也沒錯，但日本確實以扣分式行銷成功地製造出高品質商品，贏得全球市場的信賴，可見扣分式行銷並不是錯誤的選擇。

然而，隨著少子高齡化，日本的非正式員工已超過四成比例，截至目前所採用的美式行銷手法，無法因應的狀況將愈來愈多，因此必須從中國的巨大企業身上，包括百度在內，學習新時代的行銷策略。

▶▶▶「積極加分」與「避免扣分」的差異

大部分的中國企業採行加分式行銷，做法是優先採用新銳的創意，因此經常會看走眼。但從結果來看，加分式行銷極有可能創造出既先進又吸引人的產品，而且一旦成功，說不定還能吃下整個市場。

也就是說，中國企業之所以能大躍進，祕訣其實是不害怕失敗、採取「積極加分」的策略。

大部分的日本企業都採取扣分式行銷，由於太重視舊例，很容易製造出雖然沒什麼大缺點、卻也索然無味的產品，從生產到上市的速度也不太有效率。

或許就如同「棒打出頭鳥」這句話之意，日本有一種如果太出風頭，就會淪為批判對象的陋習，因此無論如何都會採取「避免扣分」的防守態度。

百度的加分主義也發揮在自動車的開發上。百度公開公司擁有的自動駕駛技術，不分國內外，募集了各領域的合作伙伴，建立起獨家的自動駕駛系統。

自動駕駛的開發是受政府委託的國家事業，福特汽車負責完成整輛車的組裝，輝達及英特爾則以身為生產AI半導體的廠商加入行列。換句話說，百度為了成功，也吸納了美國企業。

▶▶▶推出教學型應用程式

中國比日本更注重學歷，考場上的競爭非常殘酷，因此結合Education（教育）與Technology（技術）的EdTech（教育技術）非常盛行，簡單地說，就是「利用IT技術為教育界帶來革新」。

目前世界上有19家教育技術的獨角獸企業（企業估值達10億美元，換算成日幣約1000億日圓以上的未上市公司），7家是美國公司，加拿大及印度各1家，而包含百度旗下的企業「作業幫」在內，有10家都是中國企業。

作業幫創業於2014年，2016年急速成長，順利在美國籌措到6000萬美元的資金，據說是因為有「作業支援應用程式」在背後支撐。

至於可以提供什麼樣的支援，作業幫的原理是用智慧型手機拍下作業的照片（例如數學題等）傳送給AI，AI再從問題的資料庫裡搜尋類似問題，進而回答使用者。

幫忙寫暑假作業（工作或讀書心得）的服務，在重視學習過程的日本國內飽受「對孩子沒有好處」的抨擊，因此站在害怕被罵、避免扣分的角度，這種應用程式短期內顯然還無法在日本普及。然而，在為了從考試戰爭中脫穎而出、從小就得埋頭苦讀的中國，站在能有效學習的積極加分觀點上，家長對百度的作業支援應用程式的反應其實還不錯。隨著使用者人數增加，考古題的資料庫也會跟著擴充，進而提升答案的準確度；如此一來，使用者便會繼續增加，形成一種良性循環。

07 透過免費服務高速成長的BASE

BASE開設網路商店的成績連續4年位居第一，現在已有140萬家店。這些網路商店的老闆選擇BASE的原因，應該是為了免費使用大部分的服務，而且架構安全又簡單吧。

KEY WORD 免費策略

▶▶▶幾乎全部免費使用的放心服務

「BASE」是成立於2012年、BASE股份有限公司旗下的網路商店開設服務，在網路商店業界表現出顯著的成長。只要註冊會員，任何人都能開設網路商店，其方便性大受好評，僅僅推出一個月，註冊的商店就超過1萬多家。如此受歡迎的最大賣點就在於「可以免費使用大部分的服務」。

除了最基本的開店功能之外，開店時的版面設計也不用錢。另外，還提供可以用手機操作的專屬應用程式，各種與經營網路商店有關的設定或工具都可以免費使用。

還有，在不侷限於傳統的網路商店框架裡，BASE在新冠肺炎疫情蔓延的2020年6月，推出了可以向餐飲店訂購外賣並線上支付的「外賣應用程式」。如果是大排長龍的名店，還能指定接受訂單的時間以避免「群聚」等問題，因

應時代的需求提供彈性服務。

換成樂天及其他公司，光是要在網路上開店，每個月就要支付數萬日圓的使用費，有所謂「即使賣不好，也得花錢維持」的風險，但BASE完全沒有這方面的顧慮。

BASE也能用手機操作，所有開店所需的基本版型一應俱全，因此即使對操作電腦沒有自信也沒關係。

此外，還會舉辦集客支援講座給初學者參加，提供各樣的支援機制，盡量降低加入的門檻、吸引更多人使用，這便是BASE的基本策略。

因此，BASE的基本收益是來自於各商店賣出商品時的銷售手續費。

▶▶▶以免費服務製造雙贏

使用者賣出商品才要支付手續費，因此使用者開店本

BASE的組成架構

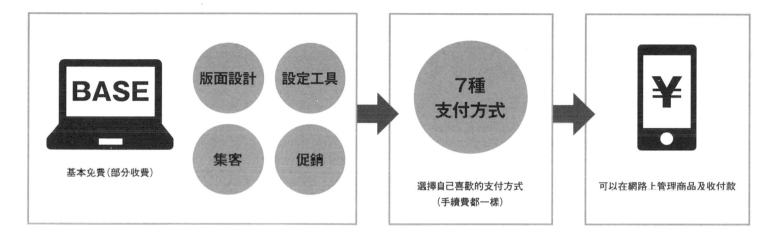

BASE
基本免費（部分收費）

版面設計　設定工具
集客　促銷

7種
支付方式

選擇自己喜歡的支付方式
（手續費都一樣）

¥

可以在網路上管理商品及收付款

身並沒有風險。只不過，當網路商店的數量增加，消費者的選擇也會跟著增加，為了不被埋沒，賣方必須多花一點心思。不只要對販賣的商品用心，也要對網路商店的設計多下點工夫。

到了這個階段，只要讓使用者利用付費服務，就能充分提升BASE的收益。這也可以說是免費策略的一環。

即使使用者不利用付費服務爭取商品的曝光，只要營業額成長，就得支付更多的銷售手續費，因此BASE完全立於不敗之地。

08 群眾募資平台CAMPFIRE

群眾募資平台已經在日本站穩腳步，而CAMPFIRE正急速成長為該領域的佼佼者。針對不同的使用者提供不同平台，募集金額與專案成立件數皆為國內最大，是不容忽視的存在。

KEY WORD ▶ 群眾募資平台、CAMPFIRE

▶▶▶鎖定目標

群眾募資的原文「Crowdfunding」是由crowd（群眾）與募資（funding）兩個單字構成，而群眾募資平台便是透過網路，呼籲不特定多數群眾出資，向贊同自己理念之人募集資金的方法。

日本也有很多缺乏資金的中小企業，為了發展新事業在募資平台上募資，而經常被提到的成功範例，便是在日本電影金像獎榮獲最佳動畫作品獎的動畫長片《謝謝你，在世界的角落找到我》。

因為《謝謝你，在世界的角落找到我》叫好又叫座，募資平台這個字眼一舉成為日本家喻戶曉的詞彙，其幕後功臣是創業者家入一真（1978年～）成立於2011年的CAMPFIRE（注）。CAMPFIRE旗下有好幾個募資平台。

首先是冠名企業「CAMPFIRE」的旗艦型服務。各種類型的專案都能使用，提案方法非常簡單，支援體制也很齊全，因此即使是初學者也很容易上手，這點非常迷人，也很容易吸引到金主，募資達標件數更是日本國內募資平台的龍頭。

至於與巴而可百貨共同經營的「BOOSTER」，則是以很多讓年輕人較容易產生共鳴的專案為賣點。BOOSTER也提供代為提案的服務，因此很適合不想花太多時間或精神就能募集到資金的人。

地方創生型的「FAAVO」則與全國的民間企業、自治團體、金融機構合作，主要是與地方創生有關的專案。

與經營GIZMODO等網路媒體的Mediagene集團共同經營的「machi-ya」，是專門提供給創新機具的服務。會來關注的人多半是對機具有興趣的族群，能有效率地籌措到資金是其優勢。

除此之外，還有專門為想改善社會問題之人成立的

編注：此動畫電影是在另一個日本群眾募資平台 Makuake 上募集資金。

募資平台的架構

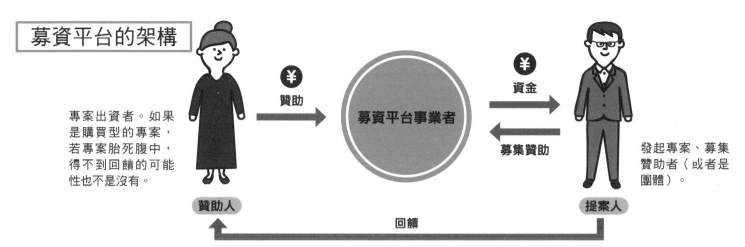

專案出資者。如果是購買型的專案，若專案胎死腹中，得不到回饋的可能性也不是沒有。

贊助人

¥ 贊助

募資平台事業者

¥ 資金

募集贊助

回饋

提案人

發起專案、募集贊助者（或者是團體）。

捐款型的專案會得到提案人寄來的活動報告或道謝訊息，購買型的專案會收到提案人設定的商品或週邊等等。

「GoodMorning」，是專門提供給協助身心障礙者或災難救助等社會意義重大的專案。以「打造一個任何人都能為改變社會出一份心力的舞台」為宗旨，可以選擇要捐款還是購買，因此也能用來為受災戶募捐，手續費也比其他平台低廉。

由此可見，CAMPFIRE以涵蓋全類型的旗艦型網站為主軸，陸續架構適合各目標對象或專案內容的平台，成功地吸引到客人。

▶▶▶不見得一定能成功

在「CAMPFIRE」成功募集到資金的專案確實很多，但是募資平台未必能募集到目標金額。

投資人認為「沒有吸引我出資的魅力」，完全募不到資金、最後以失敗告終的專案也不少。這時往往不是縮小專案的規模，就是選擇放棄。

即使成功地募集到資金，也沒人能保證專案本身一定會成功。即使沒賺到錢，或者是花了額外的成本，還是得支付手續費給募資平台、回饋當初承諾的獲利給贊助者，所以最後以虧損收場的可能性也不是沒有。

因此，如果要發起募資，必須好好地思考該如何強調專案的賣點，以及目標金額是否合理。

話雖如此，外行人的能力還是有限，所以最好利用像「CAMPFIRE」這種能請專家協助的平台。

09 雲端會計軟體freee的成功策略

會計軟體儼然已成為小企業、個體戶處理會計業務及報稅作業時不可或缺的存在。急速成長的「freee」是一款相對簡單，對會計一竅不通也能使用的雲端會計軟體。

KEY WORD ▶ 雲端會計軟體

▶ ▶ ▶ 強就強在「沒有會計知識」也能使用

2012年，從Google出來的佐佐木大輔（1980年～）成立的freee股份有限公司，在隔年推出了以個體戶等小型企業老闆為目標客戶的雲端會計軟體「freee」。上市5年後，導入freee的公司突破100萬家，目前正因這款提供給個體戶及小企業老闆的雲端會計軟體而急速成長中。

freee主要有以下三大特徵，分別是「由雲端軟體構成」、「可以自動產生會計帳」、「即使沒有會計知識也能使用」。

基本上，會計軟體分成提供給想將數據運用在財務分析或業績管理上的經營者，例如事業規模較大的法人、會計事務所的**下載型**，以及提供給個體戶和小企業老闆的**雲端型**這兩種。MJS會計資料服務等都是有名的下載型會計軟體。

至於近年來急速成長的雲端型會計軟體，個人與法人各有兩成左右的市佔率（出處：MM總研）。

不止是電腦，透過手機或平板也能使用的雲端型會計軟體，還能讓多位使用者分享會計資料。但是其受到支持的主要原因，還是在於即使沒有任何財務知識也能使用的方便性。

不僅能與存款帳戶或信用卡連動，自動取得明細，根據設定的規則或人工智慧的功能自動記帳，還能自動轉錄交易內容及會計科目，因此能大幅削減作業時間。

▶ ▶ ▶ 解決會計煩惱的策略

該公司也提供手機版的「freee」，結合可以透過手機報稅的免費「電子申報應用程式」，從填寫申報書到送出文件都能在手機上完成。

使用上與傳統的會計軟體略有不同，因此需要一段時間適應，但「沒有會計知識也能使用」是「freee」的特徵，也是其最大的武器。如果使用者沒有把握，所有的方案都能透過聊天室或電子郵件請求協助，非常符合對會計沒自信的個體戶及小企業老闆的需求，因此讓「freee」獲得相當高的支持度。

雲端會計軟體「freee」的成績

雲端會計軟體的市佔率（法人）

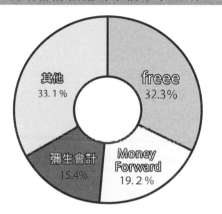

- 其他 33.1%
- freee 32.3%
- 彌生會計 15.4%
- Money Forward 19.2%

※根據2017年由MM總研股份有限公司實施的「雲端會計軟體的法人導入實態調查」製成。

雲端會計軟體在個人事業主之間的市佔率變化

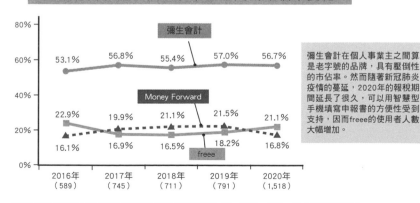

- 彌生會計：53.1%、56.8%、55.4%、57.0%、56.7%
- Money Forward：22.9%、19.9%、21.1%、21.5%、21.1%
- freee：16.1%、16.9%、16.5%、18.2%、16.8%
- 2016年（589）、2017年（745）、2018年（711）、2019年（791）、2020年（1,518）

彌生會計在個人事業主之間算是老字號的品牌，具有壓倒性的市佔率。然而隨著新冠肺炎疫情的蔓延，2020年的報稅期間延長了很久，可以用智慧型手機填寫申報書的方便性受到支持，因而freee的使用者人數大幅增加。

※根據MM總研股份有限公司的「雲端會計軟體的企業市佔率變化（單一回答）」製成。（）內的數字為樣本數。

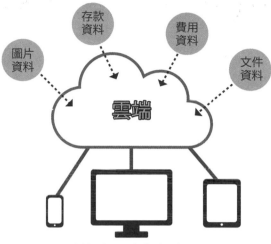

- 存款資料
- 費用資料
- 圖片資料
- 文件資料
- 雲端

資料全都可以上傳到雲端，
因此不僅可以用手機、電腦、平板等
各種不同的裝置操作，
還能與許多人分享會計資料及財務報表。

開始使用freee

具有可加入網路上的資料、自動化處理那些數據的功能，因此只要利用能在網路上確認收付款的網路銀行，還能讓作業更有效率。

10 掌握市場流行趨勢的Sky成長策略

Sky股份有限公司自1985年成立以來，在系統及軟體開發的領域裡持續發展，例如企業管理、資訊家電、教育活動等，事業版圖甚廣。「精準地掌握市場」是其成功的要素之一。

KEY WORD PEST 分析

▶▶▶以推出兩種事業為優勢

Sky股份有限公司經常能在電視廣告上看到，其主要的事業內容為「客戶端系統開發事業」與「ICT解決方案事業」這兩種。

「客戶端系統開發事業」是接受企業的委託，開發、測試系統及軟體的業務。服務對象從公司內部的業務系統到車用電子設備、醫療機器等，範圍十分廣泛，其中又以UTM（Unified Threat Management＝整合式威脅管理）在國內擁有最大的市佔率。

另一方面，「ICT解決方案事業」則是開發、企劃、販賣學習活動軟體及公司內部管理系統等套裝商品。

既不偏向第一線的銷售，也不側重公司內部的開發，而是在相輔相成的前提下拓展事業版圖，這點可說是Sky股份有限公司的優勢。

從PEST分析來看，也能發現這兩種事業各自發揮截長補短的作用，精準地掌握住世界上的流行趨勢。

政治……包括教科書的數位化在內，推進ICT（資訊與通信科技）是政府的基本方針。

經濟……肺炎疫情增加了在家工作的需求，可能會成為很大的商機。

社會……通訊規格從4G轉換至5G的此時此刻，大部分的企業都必須開發適用於5G的軟體和系統。

技術……IoT（物聯網）、各種事業的精簡化、人工智慧的進步等……技術如今每天都在革新，自家公司如果有那些技術，或許將成為非常大的優勢。

企業想要成長，就不得不掌握時代的變化，Sky股份有限公司背靠兩大事業為支柱，精準地掌握了時代的變化。

Sky的ICT解決方案派上用場之案例

① 在教育現場引進平板電腦

電子學習課程支援系統「SKYMENU Cloud」不僅支援學生的學習，也能檢查老師使用平板電腦的狀況。另外，因新冠肺炎疫情導致學校停課時，也能用於在家上網學習。

Sky有自己的官方YouTube頻道，提供各種軟體的基本操作解說影片。

② 隨著愈來愈多人在家上班，必須加強安全性

「SKYSEA Client View」是提供給企業及團體之客戶端運用的管理軟體，能記錄員工使用電腦的狀況，並進行管理。可以用來管理因新冠肺炎疫情而必須在家工作時的上班時間。如果是業務上不需要的功能，也能對公司配發的智慧型手機或平板電腦設定使用限制，因此還能預防資料外洩。

③ 讓IT機器穩定地運用在醫療現場

「SKYMEC IT Manager」是針對醫療機構的IT機器管理系統，以電子病歷為代表，對醫療機構的基礎業務提供支援，發生問題時協助復原。另外，健保卡裡的資料或病歷萬一洩漏出去會造成很大的傷害，而SKYMEC IT Manager具有高度的安全性，能保護這些個人資料。

11 Direct出版是顧客與作品的橋梁

直效反應行銷（Direct Response Marketing）是直接把商品送到有需求的地方，近年來因隨著網路的普及與擴張而重新受到審視。而Direct出版則是將此策略運用到淋漓盡致的成長型企業。

▶ ▶ ▶ 直接向顧客介紹商品

本書的讀者大概可以分成「幾乎每天在Facebook上看到Direct出版的廣告」的人，以及「從沒看過」的人。

這其實是該公司行銷策略的一大重點。

Direct出版在Facebook或與搜尋引擎連動的廣告「關鍵字廣告」上，刊登可以免費看到少量吸引人的報告之類的廣告，蒐集有消費可能性的顧客名單。

在Facebook或網路上看到該公司廣告的人，肯定都搜尋過不止一次與那些內容有關的事物，至少對那些內容有一點興趣。因此，該公司才能擁有超過100萬名電子報會員。

然後，再向蒐集到的會員名單推銷自家公司的商品，藉此實現高收益性。

Direct出版提供的商品，主要是商管翻譯書、特定領域的座談會及網路講座等，這些具有高度專業性的商品。販賣這些商品時，向特定的對象宣傳、回覆使用者的問題，這種直效反應行銷是特別有效的手法。

▶ ▶ ▶ 將效果發揮在具有高度專業性的商品上

如果是一般出版品，為了在全國各地的書店及便利商店上架，必須大量印製。但誰也不能保證喜歡那些書的人一定會購買。然而，如果是直效反應行銷，其做法是先挖掘出有需求的顧客，等他們有需要以後才開始準備，所以不需要印太多書。

如此，也能再寄送電子報或傳單給曾經買過商品的顧客，製造新的購買動機。只不過，這時如果疏忽了顧客的要求，像是未能立即處理「不想再收到廣告信」等問題，便可能會被視為「黑心業者」，所以要特別注意。

Direct出版的特徵

① 嚴格挑選真正有幫助的外文書進行翻譯

日本幾乎很少出版歐美的商管書，數量有限的翻譯書也幾乎都沒有話題熱度。然而，Direct出版只翻譯實際看過原文書後，認為有幫助的作品。

② 不在書店販賣出版品

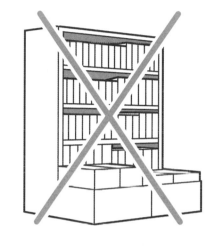

由於空間有限，書店進貨時會對出版品進行篩選，所以一般的出版社必須向書店推銷自家公司的產品，而且把書本配送到書店也需要經銷費用。但只要不在書店上架，就能省下這些成本。

③ 直接在公司裡販售

Direct出版不在書店販賣出版品的另一面向是，消費者可以透過電話或寫信下單，請Direct出版送到指定地址（直效反應行銷）。換言之，Direct出版是直接在自家公司裡銷售出版品。

④ 數位內容也很充實

不僅擁有線上講座等獨立平台，也會根據自家公司的出版品內容舉行座談會，將影片製作成線上教學的教材來販售。

能夠搞定行銷的人
就能搞定市場

看完這本書，我想大部分的讀者應該都能理解「行銷」的本質了。

行銷的本質，並非像是推銷或販售那樣直接賣東西的行為，而是為了製造出能讓東西賣出去的過程。也就是說，五花八門的行銷活動都可以歸結到一個目的，那就是製造出東西能賣出去的狀態。

實際上，管理大師菲利浦・科特勒將行銷定義為「探索提供何種價值能滿足目標市場的需求，進而創造出該種價值，提供給顧客，並從中獲利」。

換句話說，行銷的本質並不是「如何向顧客推銷」商品或服務的「價值」，而是充分理解顧客的需求，創造出能滿足其需求的價值；這麼一來，根本不用推銷，就能自然而然地製造出賣出東西。

正因如此，才會說行銷的目的是要使銷售行為變得多餘。

行銷對於現代的生意人已是不可或缺的工具。即使沒有直接與銷售策略、宣傳或業務扯上關係，只要活在商業世界裡的一天，也必定與行銷脫不了關係。就算從事行政或會計的工作，倘若缺乏行銷概念，就無法在現代的商業領域充分發揮自己的實力。

人生也是同樣的道理。

過去由李奧納多・狄卡皮歐飾演主角的電影《華爾街之狼》，其原著作者喬登・貝爾福說過：「人生在世，如果完全不願意與行銷扯上關係，其實稱不上真正

活著。」

　換言之，我們日常生活中其實無時無刻不以某種形式接觸到行銷，探索對方的需求，將自己這項商品推銷給別人。

　舉例來說，如果要跟某人結婚，要先①研究對方的喜好，找出自己身上符合對方喜好的地方，強調自己的優點，讓對方對自己產生興趣（開發潛在客戶）；②交往過程中盡量提升對方對自己的評價（經營潛在客戶）；③最後抵達結婚這個終點。

　這點換成找工作也一樣。為了進入理想的企業，必須先重點式地挖掘企業方的需求，勾勒符合對方需求的人物形象（架空的顧客模樣），有效地推銷自己，讓企業方認為自己是有用的人才。

　說得極端一點，除了實際的商場以外，我們也隨時都在行銷自己。

　如同本書的「前言」提到的，這是一本解說行銷基礎的書，但本質其實更在於「行銷＝為了活下去的活動」。

平野敦士卡爾（本書監修者）

Index

索引

行銷力超實用圖鑑

一看就懂的行銷入門超圖解！數位新時代下通用的經典法則，到社群經營全蒐錄的超圖解指南

原 著 書 名／世界＆日本の販売戦略がイラストでわかる最新マーケティング図鑑
監 修 者／平野敦士卡爾（平野敦士カール，Carl Atsushi Hirano）
譯 者／賴惠鈴
企劃選書人／何寧
責 任 編 輯／劉瑄

版權行政暨數位業務專員／陳玉鈴
資深版權專員／許儀盈
行銷企劃主任／陳姿億
業 務 協 理／范光杰
總 編 輯／王雪莉
發 行 人／何飛鵬
法 律 顧 問／元禾法律事務所王子文律師
出 版／春光出版
　　　　　　台北市 104 中山區民生東路二段 141 號 8 樓
　　　　　　電話：(02) 2500-7008 傳真：(02) 2502-7676
　　　　　　部落格：http://stareast.pixnet.net/blog E-mail：stareast_service@cite.com.tw
發 行／英屬蓋曼群島商家庭傳媒股份有限公司城邦分公司
　　　　　　台北市中山區民生東路二段 141 號11 樓
　　　　　　書虫客服服務專線：(02) 2500-7718 / (02) 2500-7719
　　　　　　24小時傳真服務：(02) 2500-1990 / (02) 2500-1991
　　　　　　服務時間：週一至週五上午9:30～12:00，下午13:30～17:00
　　　　　　郵撥帳號：19863813戶名：書虫股份有限公司
　　　　　　讀者服務信箱E-mail: service@readingclub.com.tw
　　　　　　歡迎光臨城邦讀書花園 網址：www.cite.com.tw
香港發行所／城邦（香港）出版集團有限公司
　　　　　　香港灣仔駱克道 193 號東超商業中心 1 樓
　　　　　　電話：(852) 2508-6231傳真：(852) 2578-9337
　　　　　　E-mail：hkcite@biznetvigator.com
馬新發行所／城邦（馬新）出版集團Cite(M)Sdn. Bhd
　　　　　　41, Jalan Radin Anum, Bandar Baru Sri Petaling,
　　　　　　57000 Kuala Lumpur, Malaysia.
　　　　　　Tel: (603) 90563833 Fax:(603) 90576622 E-mail:cite@cite.com.my

封 面 設 計／萬勝安
內 頁 排 版／HAMI
印 刷／高典印刷有限公司

■ 2023 年 10 月 5 日初版一刷
■ 2024 年 2 月 21 日初版 2.8 刷

Printed in Taiwan

售價／420元

城邦讀書花園
www.cite.com.tw

國家圖書館出版品預行編目資料

行銷力超實用圖鑑 一看就懂的行銷入門超圖解！數位新時代下通用的經典法則，到社群經營全蒐錄的超圖解指南 / 平野敦士卡爾（平野敦士カール，Carl Atsushi Hirano）著；賴惠鈴 譯. -- 初版. -- 臺北市：春光，城邦文化出版：家庭傳媒城邦分公司發行, 2023.10
面；公分
譯自：世界＆日本の販売戦略がイラストでわかる最新マーケティング図鑑
ISBN 978-626-7282-34-2（平裝）

496　　　　　　　　　　　　112013110